ANDREA GHISOTTI

FISCHE im MITTELMEER
Das schönste Meer der Welt

BONECHI
WORLD PUBLISHER

REGISTER

PHYLUM
Kategorie
Unterklasse
ORDNUNG
Familie
Spezies oder allgemeine Bezeichnungen

Die angegebenen Abmessungen beziehen sich auf die Durchschnittsmaße der einzelnen Tiere, nicht auf maximale Größen.

Projekt und Verlagsidee: Casa Editrice Bonechi
Editor: Serena de Leonardis
Grafische Gestaltung und Umbruch: Serena de Leonardis
Texte: Andrea Ghisotti
Redaktion: Anna Baldini
Umschlag: Serena de Leonardis
Übersetzung: Heide Marianne Siefert (S.124-125: Andreas Hein)

Druck in Italien.

Die Fotos wurden von Andrea Ghiotti aufgenommen, mit Ausnahme der Grauwale im Mittelmeer auf S. 17-18, die freundlicherweise von Eleonora De Sabata zur Verfügung gestellt wurden.

Der Verleger bittet um Verständnis für versehentlich falsch oder nicht ausgewiesene Fotos und steht nach entsprechenden Hinweisen für eventuelle nachträgliche Ansprüche zur Verfügung.

Vertrieb:
PiBoox & Paulsen Buchimport d.i.v.a.
Friedrichstraße 13
79585 Steinen-Höllstein
Deutschland
www.piboox.de

Einführung

Wenn ich gefragt werde, welches der vielen Meere, die ich unter Wasser erforscht habe, für mich das schönste ist auf der Welt, antworte ich immer: das Mittelmeer. Dann muss ich aber eilends meine Gründe dafür angeben, weil der enttäuschte und perplexe Frager natürlich eine andere Antwort erwartet hätte, nämlich das Rote Meer, die Malediven, das australische Barriereriff oder andere weit entlegene Taucherzonen im Indischen oder Pazifischen Ozean.
Ehrlich gesagt, hat er nicht ganz unrecht, wenn ich an das überwältigende Gefühl denke, das der Anblick eines tropischen Riffs hervorruft, wo es nur so wimmelt von bunt schillernden Fischen. Im Vergleich dazu sind unsere verschandelten und verschmutzten Küstengründe eher bescheiden, vor allem weil sie jener reichen Fischpopulation beraubt sind, die sie einst auszeichnete. Und dennoch hat das Mittelmeer noch viele Trümpfe in der Hand. Nur wenige Autostunden von unseren Großstädten entfernt erreichen wir Orte wie Portofino und viele Gebiete an der Côte d'Azur oder Costa Brava, wo wir außergewöhnliche Naturschauspiele erleben können. Hohe steile Felswände, die tief ins blaue Wasser abstürzen, herrliche riesige Gorgonien-Wälder, rote Korallenteppiche und in den inzwischen vielen Schutzgebieten und Meeresreservaten eine wahrhaft erstaunliche Fülle an Krustentieren, Mollusken und Fischen. Je weiter man in den Süden kommt, desto mehr nimmt das Wasser im Mittelmeer und um die Inseln ein geradezu karibisches Blau an, und Begegnungen mit Großfischen wie Adlerfische, Zackenbarsche, Barrakudas, Zahnbrassen und Gabelmakrelen, sind durchaus keine Seltenheit. Solche Unterwasser-Erlebnisse hinterlassen einen tiefen Eindruck.
Der südlichste Teil des Mittelmeers besitzt den ganzen Zauber eines Grenzmeeres, denn obgleich es seit dem Altertum befahren wird, birgt es in seiner Unterwasserwelt auch heute noch viele halb erforschte Zonen, und, so absurd es klingt, es ist viel einfacher, eine Kreuzfahrt im Roten Meer zu organisieren als etwa in der Straße von Sizilien oder an den Küsten Algeriens.
Zugegeben, die Farben unseres Meeres sind nicht so explosiv wie die im tropischen Meer, aber was soll's? Ist ein Schwarzweißfilm von einem guten Regisseur vielleicht weniger schön als ein bunter Zeichentrickfilm? Die mediterrane Fauna und Flora ist absolut einmalig, artenreich und hochinteressant. Dieses Buch will allen Meeresfreunden, sowohl Schnorchlern als auch Apnoe-Tauchern oder Tauchern mit Atemgerät helfen, anhand der Bilder all das zu bestimmen, was sie auf dem Meeresgrund entdeckt haben. Alle Fotos wurden ausschließlich unter Wasser aufgenommen und geben in Bezug auf Farbgebung und Ambiente des Objektes getreu wieder, was man auf einem Unterwasserausflug sehen kann. Ein kurzer Text erläutert die Merkmale der verschiedenen Fischfamilien, während bei den einzelnen Spezies jeweils die lateinischen und deutschen Artnamen wie auch die durchschnittliche Größe des Tieres angegeben sind.

Das Mittelmeer

Die Oberfläche des Mittelmeeres mit einer Ausdehnung von circa 2.500.000 km² ist verschwindend klein im Vergleich zu den riesigen Ausmaßen der Ozeane. Und doch ist es ein Meer von außerordentlichem Interesse mit speziellen Charakteristiken, die es von jedem anderen Meer der Erde unterscheiden. Seine Merkmale bestimmen großenteils die besondere Fauna und Flora, die deshalb auch mediterran genannt werden. Entscheidend für die große biologische Vielfalt im Vergleich zu den benachbarten Meeresbecken des Atlantiks und des Roten Meeres (das biologisch dem indopazifischen Meeresraum zugerechnet wird) ist die Tatsache, dass es sich um ein Meer handelt, das von Land eingeschlossen ist, und zwar im Norden von Europa, im Süden von Afrika und im Osten von Asien, und dass vor allem keine wichtigen Verbindungen zu den benachbarten Becken bestehen. Die einzigen Öffnungen sind die Straße von Gibraltar im Westen und der Sueskanal im Südosten. Letzterer ist ein künstlicher Kanal, der unter unsäglichen Mühen gegraben und mit großen Festlichkeiten erst am 17. November 1869 eröffnet wurde. Doch wie seine Ausmaße zeigen – 70 bis 125 Meter Breite und 13 bis 15 Meter Tiefe – handelt es sich um eine schmale Wasserstraße, die den Wasseraustausch des Mittelmeeres kaum beeinflusst.

Die **Straße von Gibraltar** stellt somit die einzige effektive Möglichkeit des Wasseraustausches dar, auch wenn dieser stark behindert wird durch die 300 Meter hohe Bodenhebung der Schwelle und die nur 13 Kilometer breite Meerenge zwischen der afrikanischen und der spanischen Küste. Das kalte Atlantikwasser, das weniger salzhaltig und folglich leichter ist als das Mittelmeerwasser, fließt als Oberflächenströmung ins Mittelmeer, während auf dem Grund der Straße von Gibraltar

eine Gegenströmung den Ausgleich verschafft und den eigentlichen Wasseraustausch unseres Meeres bewirkt. Dieser ganze Prozess vollzieht sich sehr langsam. Man hat ausgerechnet, dass ein Wassertropfen des Atlantiks fast 150 Jahre benötigt, um in umgekehrter Richtung die Heraklessäulen zu passieren und in das Ausgangsbecken zurückzufließen. Abgesehen von den offensichtlichen Problemen der Verschmutzung eines von Land umgebenen Meeres sind auch andere Dinge von Bedeutung, etwa der beachtliche jahreszeitliche Temperaturunterschied der Oberflächengewässer, die starke Verdunstung, vor allem in den östlichen Becken, und der daraus resultierende gesteigerte Salzgehalt des Wassers. Anhand dieser Daten lässt sich schon eine erste summarische „Kennkarte" unseres geliebten Mittelmeeres erstellen. Die Meeresgründe sind ziemlich bewegt, mit zahlreichen Ebenen, Bergketten, Gipfeln und tiefen Tälern, die einer Gebirgslandschaft in nichts nachstehen. Die durchschnittliche Tiefe ist, verglichen mit den Ozeanen, nicht sehr hoch, etwa 1500 Meter, mit einigen Gräben, die mehr als 4000 Meter erreichen, und einer maximalen Tiefe von 5093 Metern im Hellenischen Graben, der sich südwestlich des Peloponnes im Ionischen Meer befindet.

Die tiefen Gewässer haben im Sommer und im Winter eine konstante Temperatur, die bei etwa 13° liegt. In den Wintermonaten erreicht auch das Oberflächenwasser diese Temperatur, sodass dafür gesorgt ist, dass dank der kalten Winde, die die Temperatur zusätzlich senken, und der Meeresstürme, die das Wasser aufwühlen, die nahrhaften Bodensätze an die Oberfläche gelangen, die für das tierische Leben unerlässlich

Oben: Tuffhöhlen der Insel Favignana, Ägadische Inseln.

Unten: Ustica, das prähistorische archäologische Gebiet von Tramontana.

Vorausgehende Seite: Korsika, Steilküste von Bonifacio und die westlichen Felsenküsten.

sind. In den Sommermonaten steigt die Temperatur des Oberflächenwassers ganz erheblich und erreicht im Durchschnitt 22°-25°, mit Höchstwerten von 29°-30° an den Ostküsten der Türkei.

Wer mit Sauerstoffflaschen taucht, kennt diesen krassen Temperaturunterschied, der zwischen dem warmen Oberflächenwasser und tiefem Wasser eintritt, eine Thermogrenze, die durch das plötzliche Temperaturgefälle von mehreren Graden gekennzeichnet ist, den unser Organismus sehr genau wahrnimmt. Manchmal ist dieses Temperaturgefälle so stark, dass man in eine kuriose Lage geraten kann, wenn sich nämlich die Füße in einer kalten Zone und der Kopf in deutlich wärmerem Wasser befinden; dieses Phänomen ist auch optisch wahrnehmbar, da das Wasser zu zittern beginnt, ähnlich wie das Flimmern auf heißem Asphalt bei glühender Sommerhitze.

Die beachtliche Erwärmung des Wassers im Sommer funktioniert etwa so wie ein phantastisches Heizsystem. Das Meer gibt die allmählich gespeicherte Wärme wieder ab, jedoch viel langsamer als die Luft. Das wirkt sich wohltuend auf das litorale Klima aus, wo auch in den kalten Wintermonaten milde Temperaturen herrschen und jenes ganz besondere Mittelmeerklima entsteht, das vom internationalen Tourismus so außerordentlich geschätzt wird.

Doch fahren wir bei unserer mediterranen „Kennkarte" fort. Das Mittelmeer weist Oberflächenströmungen auf, die im Gegenuhrzeigersinn verlaufen, das

Äolische Inseln, Filicudi: Felsenklippe „La Canna".

heißt von Westen nach Osten, entlang den **nordafrikanischen Küsten** bis zur **Türkei** und nach **Griechenland**, dann weiter nördlich nach **Albanien** und an den **Küsten Dalmatiens** entlang, danach in südlicher Richtung an der **italienischen Adria**, rund um den Stiefel und anschließend nach Westen entlang den **provenzalischen Küsten**.
Abschließend noch ein Wort zu einem der wichtigsten Aspekte für Sporttaucher: die Transparenz des Wassers. Das Mittelmeer besitzt mit das klarste Wasser der Welt, mit hervorragender Tiefensicht in den südlichen und vor allem in den östlichen Becken. An der **Adriaküste** ist das Meer flach, sandig und reich an Nährstoffen, sodass die Sicht oft nur auf wenige Meter beschränkt ist, doch ganz anders sehen die felsigen Untergründe der westlichen Becken aus, wo an Sommertagen die Sicht durchschnittlich 20-25 Meter beträgt. Bei den Inseln im Süden erreicht die Sicht auch 35 Meter und sogar 40 Meter und mehr in den Gewässern einiger **griechischer** und **türkischer Inseln**. Biologen und Fischer sind im Unterschied zu Sporttauchern nicht unbedingt begeistert von dieser Situation, denn klares Wasser ist gleichbedeutend mit nährstoffarm, also auch arm an Leben. Eine bittere Gleichung, die nicht immer aufgeht und deutlich macht, dass nicht alle unsere Mittelmeerfreunde gleichermaßen zufrieden zu stellen sind.

Einige der schönsten Küsten des Mittelmeers. Von oben, im Uhrzeigersinn: Sardinien – Inseln Razzoli und Budelli; Lampedusa – Baia dei Conigli; Linosa – die zerklüftete Küste bei der Punta Calcarella; Sardinien – Insel Budelli, daneben die Dünen von Porto Pino, und darüber Lavezzi.

Lebensräume des Mittelmeeres

Einer der interessantesten und einmaligen Aspekte des Mittelmeeres, im Unterschied zu allen anderen Meeren, ist die Vielfalt seiner Lebensräume, die ungleich spezifischer, unterschiedlicher und gegensätzlicher sind als etwa die (zweifellos wunderschönen), aber mehr oder weniger repetitiven Habitats der tropischen Meere. Selbst an begrenzten Küstenabschnitten, die man mit Schwimmflossen und Maske bewältigt, kann man sehen, wie sich unter Wasser lange Sandbänke, die zur offenen See hin flacher und gleichförmiger werden, mit dichten, undurchdringlichen Pflanzenwiesen abwechseln, die wie große Seeprärien anmuten und wenige Meter weiter mächtigen Felswänden weichen, mit Spitzen, Fialen, Unterwassergrotten und riesigen, auf den Meeresgrund gestürzten Gesteinsmassen. Jedes Ambiente hat seine besondere Geschichte, mit Tieren, die hier ihr ganzes Leben verbringen, auf dem Grund liegend oder fest geklammert an den Nährboden, oder andere, die hier eine Bleibe gefunden haben, obwohl sie ebenso gut woanders leben könnten. So wie im äußeren Lebensraum Wälder, Bäume und Pflanzen wesentlich sind für den Chlorophyllaufbau und die Sauerstoffbildung, so ist auch das Vorhandensein von Pflanzenmaterial unter Wasser ein lebenswichtiges Element. Dazu gehört in erster Linie das **Neptunsgras** *(Posidonia oceanica)*, bei dem es sich nicht, wie allgemein angenommen wird, um eine Alge handelt, sondern um ein Laichkrautgewächs mit Wurzeln, Stiel, Blättern und Früchten. Es bildet jene schönen, metallisch schimmernden Seegraswiesen mit sanft wogender Bewegung, die wohl jeder, der mit der Maske knapp unter dem

Auf Seite 8-9, ein typischer Korallengrund mit roten Gorgonien; Schattenseite mit Gesteinsmassen und Felsen, die mit inkrustierenden Schwämmen und Margheriten-Korallen bedeckt sind; Neptunsgraswiesen.

Auf dieser Seite, oben, mediterraner Korallengrund mit Grotten, Schwämmen und Gorgonien; Kappe einer seichten Stelle in Tiefwasser mit Schwämmen und Seebrassen.

Auf folgender Seite, felsiger Meeresgrund im Wechsel mit Sandflächen, Unterwassergrotten und Kieselgrund an der Küste.

Wasserspiegel auf Entdeckung gegangen ist, schon gesehen hat. Diese Seegraswiesen sind für den Lebensraum im Meer außerordentlich wichtig. Vor allem, weil sie mit ihren Wurzeln den Boden festigen, den Wellengang bremsen und jene Erosionsprozesse verhindern, die zu einem frühzeitigen Verfall der Küsten führen würden. Der dichte Pflanzenwuchs dieser Wiesen bildet darüber hinaus einen ausgezeichneten Schutz für zahllose Tierarten, die in diesem Dickicht eine sichere Zuflucht und einen geschützten Raum finden, wo sie ihre Eier ablegen und ihre Jungen großziehen können – mit anderen Worten, der ideale Kindergarten. Am erstaunlichsten ist jedoch die Photosynthese und die daraus folgende Sauerstoffproduktion. Ein einziger Quadratmeter Neptunsgras produziert täglich circa 14 Liter Sauerstoff. Vielleicht sollte so mancher Taucher dieses Seegras von jetzt ab mit mehr Ehrfurcht betrachten, anstatt es leicht gelangweilt zu ignorieren. Ausgesprochen spektakulär sind die felsigen Meeresgründe und daher von Tauchern und Schnorchlern besonders geschätzt. Denn auf dem Felsgestein sind die meisten sessilen, d.h. festsitzenden Lebensformen anzutreffen, und hier in dieser felsigen Umgebung bilden sich Spalten, Höhlen, Durchbrüche, kleine Grotten und Abgründe, wo Fische, Krustentiere und Mollusken eine Zuflucht finden. Ganz besonders beliebt sind die Korallenbildenden Tauchgründe. Sie entstehen gewöhnlich in einer gewissen Tiefe, und zwar unterhalb des schon erwähnten Sommertemperaturgefälles in relativ kaltem Wasser und in einem Meeresraum, in dem bereits ein monochromes azurblaues Licht vorherrscht. Fast als Gegensatz zu dieser diffusen Einfarbigkeit explodieren hier die schönsten Farben des Mittelmeeres, Farben, die sich dem Taucher in ihrer ganzen Pracht enthüllen, wenn er mit der Fackel oder Taschenlampe in den Meeresraum hineinleuchtet: ein wahrhaft atemberaubendes Feuerwerk aus Rot, Rosa, Orange, Fuchsie, Gelb, Grün, Violett und Blau in allen Tönen und Schattierungen. Jeder Quadratzentimeter des Felsgesteins trägt Kolonien einer oder mehrerer Lebensformen, die sich oft überlagern, miteinander verschmelzen, sich bekämpfen und rücksichtslos um einen Wohnplatz ringen, im Vergleich dazu die Bauprobleme unserer meistbevölkerten Großstädte eine Kleinigkeit sind.

Mitten in diesem farbigen Chaos ragt mit ihren wunderschönen Kolonien meterhoch die große **Farbwechselnde Gorgonie** (*Paramuricea clavata*) auf, dann die kleinere und dichtere **Gelbe Gorgonie** (*Eunicella cavolinii*) und die spärlicheren weißen Fächer der **Warzigen Gorgonie** (*Eunicella verrucosa*). Nur

noch in einigen Mittelmeerzonen anzutreffen ist die selten gewordene **Edelkoralle** *(Corallium rubrum)*; sie folgt Gesetzen, Strömungen, Temperaturen und Beleuchtungskriterien, die bis heute nicht ganz ergründet wurden. Jedes Mal, wenn ein Taucher die scharlachroten Zweige mit den schneeweißen Polypen vom schattigen Gewölbe einer Felswand herabhängen sieht, ist das ein großer Augenblick, der ihm einmal mehr den Wert eines ohnehin mit tausendfachem Reichtum gesegneten Meeresgrundes vor Augen führt. Ganz beliebte Taucherstellen sind auch Bänke und seichte Stellen, Bergausläufer, Hügel, Spitzen oder sogar regelrechte Unterwassergebirge, die aus größeren Tiefen zur Oberfläche aufragen. Herrliche Felsoasen, wo eine Konzentration marinen Lebens anzutreffen ist, mit allen sessilen Lebensformen, die am Substrat festsitzen und dank der Nahrung tragenden Strömungen, die an diesen Stellen immer vorbeifließen, üppig gedeihen können. Darüber hinaus wimmelt es hier von unzähligen Krustentieren, Mollusken und Fischen, sowohl heimischen als auch vorüberziehenden, die draußen in der Isolation und in dem geballten Lebensraum ausgezeichnete Bedingungen finden, um sich endgültig niederzulassen oder häufig und mit Erfolg einen Besuch abzustatten.

Taucher auf dem Meeresgrund und, rechts, von Brassen umgebener Taucher.

Schnorcheln, Apnoe-Tauchen und Tieftauchen

Schnorcheln ist sicher das einfachste System, um die Mittelmeergründe zu erforschen. Hierzu benötigt man eine minimale Ausrüstung, die sich auf eine Tauchermaske, einen Schnorchel und ein Paar Schwimmflossen beschränkt. Alles preiswerte und dauerhafte Geräte, die man bei jedem Meerurlaub in einem kleinen Beutel mitnehmen kann.

Zum Schnorcheln braucht man nicht einmal besonders gut schwimmen zu können. Mit einer aufblasbaren Schwimmweste kann man sich hervorragend über Wasser halten und den Ausflug im Wasser beliebig ausdehnen.

Von der Wasseroberfläche aus kann man einen Großteil der in diesem Buch erläuterten Tiere beobachten, von denen viele in den ersten Metern leben. Selbstverständlich erhöht sich die Zahl der Bobachtungen erheblich, je tiefer man untertaucht. Dies ist wohl auch die feine Grenze, die das Schnorcheln vom eigentlichen Tauchen trennt: Beobachtung von oben im ersten Fall, Beobachtung aus der Nähe im zweiten. Der Begriff „Apnoe" kommt aus dem Altgriechischen und bedeutet wörtlich „ohne zu atmen". Beim Tauchen hält der Schwimmer einige Zehntelsekunden den Atem an und gleitet dann unter die Oberfläche. Diese Technik erlaubt ein wirksames Annähern an die meisten Tiere, die den Meeresgrund der Mittelmeerküsten bevölkern. Man muss durchaus kein professioneller Taucher sein, um in 5 oder 6 Metern Tiefe eine Gorgonie oder einen Schwamm zu beobachten. Aber wenn das Objekt unserer Beobachtungen Fische sind, ändert sich die Sache erheblich. Ihre scheue und misstrauische Art erfordert ein Annähern „auf Zehenspitzen". Das beginnt

mit einem meisterlich ausgeführten Überschlag, der elegant und absolut geräuschlos ausgeführt werden muss, ohne Spritzer und Planschen, wodurch die Fische erschreckt würden. Auch das anschließende Annähern muss ruhig und langsam erfolgen, durch leichtes Bewegen der Flossen, wobei in einer bestimmten Tiefe, wenn der Auftrieb nachlässt und man im freien Fall in die Tiefe gehen kann, jegliche Bewegung ganz aufhören sollte.
Tauchen ist eine wunderschöne Sportart, die, wenn sie ernsthaft betrieben wird, gutes Training, Selbstkontrolle und Vertrautheit mit dem Wassersport voraussetzt. Das Ergebnis ist jedoch überwältigend, und ein guter Taucher hat sicherlich mehr Chancen, sich den Fischen zu nähern als jemand mit Atemgerät, weil das Geräusch beim Ablassen der Luft nicht selten die Meerestiere allarmiert und gänzlich vertreibt.
Andererseits hat das Atemgerät den unbestreitbaren Vorteil einer langen Autonomie, wodurch sich dem Unterwassersportler alle Türen zur Erkundung der Meeresgründe öffnen. Im Gegensatz zu der weit verbreiteten Meinung ist Tauchen mit Atemgerät nicht nur sehr einfach, sondern auch völlig ungefährlich, zumindest bis zu einer gewissen Tiefe und bei normalen Bedingungen. Tatsächlich gehört Tauchen mit Atemgerät statistisch gesehen nicht zu den gefährlichen Sportarten, während Apnoe-Tauchen in bestimmten Tiefen sehr wohl dazu gerechnet wird. Rudimentale Kenntnisse im Unterwassersport werden heute überall auf der Welt vermittelt, in jedem Küstenort, in jeder am Meer gelegenen Touristeneinrichtung, in den Städten und sogar in Gebirgsdörfern. Das bedeutet aber nicht, dass man automatisch zum guten Unterwassersportler wird. Das erreicht man nicht in Kursen, sondern durch ständige Praxis und häufiges Tauchen. Für unsere Zwecke, das heißt, zum Kennen lernen der Meeresfauna, sind die Sicherheit und Autonomie, die das Atemgerät bietet, unbezahlbar. Mit dieser Methode kann man nicht nur alle Tiere sehen, die in diesem Buch abgebildet sind, sondern sie auch aus der Nähe beobachten und in aller Ruhe fotografieren, was beim Apnoe-Tauchen etwa ein sehr kühnes Unterfangen wäre.

Auf beiden Fotos, Mittelmeer-Grauwale (*Carcharinus plumbeus*).

Gefährliche Meerestiere

Tiere im Mittelmeer, die für den Menschen in irgendeiner Weise schädlich oder sogar gefährlich sein könnten, gibt es wirklich sehr wenige, und mit Sicherheit ist die Zahl erheblich geringer als in tropischen Meeren.
Die so gefürchtete Begegnung mit dem **Haifisch** ist derart selten, dass die meisten Taucher, die seit vielen Jahren jede **Gegend des Mittelmeers**, auch die entlegensten und einsamsten Winkel, durchforscht haben, noch nie einen zu **Gesicht** bekommen haben. Außerdem sind nur ganz wenige mediterrane **Haifischarten** potentiell gefährlich für den Menschen, praktisch nur einer, und zwar der sehr seltene Weiße Hai, der im Laufe der Jahre Taucher und Schwimmer nachweislich angegriffen hat. In Anbetracht der Tatsache also, dass die Begegnung mit einem menschenfressenden Hai reiner Zufall und demnach sehr unwahrscheinlich ist, verbleiben nur noch andere geringere Gefahren.
An erster Stelle ist – was die Häufigkeit betrifft – die brennende und schmerzhafte Berührung mit der **Leuchtqualle** *(Pelagia noctiluca)* zu nennen, die in regelmäßigen Abständen eine beeindruckende Vermehrung erfährt. Es ist noch nicht lange her, dass die italienischen Küsten von Tausenden dieser schönen violetten Medusen bevölkert waren, die der Sturmwind ans Ufer brachte und bei vielen Badenden in Form von Rötungen und Hautverletzungen eine spürbare Erinnerung hinterlassen haben. Taucher, die einen Taucheranzug tragen, sind natürlich gegen den Kontakt geschützt, sofern der Anzug den ganzen Körper bedeckt, einschließlich Hände, Füße und Kopf. Der einzige Mittelmeerfisch, der, ohne dass er gereizt wird, für den Taucher zum Problem werden kann, da er zuweilen spontan angreift, ist das **Petermännchen** *(Trachinus araneus)*. Es handelt sich um einen ausgesprochen

Oben, Schwarm mediterraner Barrakudas (*Sphyraena sphyraena*).

Rechts und Seite 18, ein Mittelmeer-Grauwal (*Carcharinus plumbeus*).

grimmigen Fisch, der leider mit Gift führenden Stacheln ausgestattet ist. Diese Dorne verspritzen ein außerordentlich starkes und schmerzhaftes Gift. Ich kenne Taucher, die von einigen großen Exemplaren angegriffen wurden, und ich selbst war dabei, als ein Petermännchen aus dem Sand hervorschoss und zwei kleine Adlerfische verfolgte, die sich in sein Territorium gewagt hatten, indem er versuchte, sie mit den Rückenstacheln zu stechen. Wahrscheinlich hängt dieses Verhalten mit der Reproduktionsperiode zusammen, wenn die Männchen ihr Gelände verteidigen, aber auf jeden Fall sollte man vorsichtig sein.

Weitere Fische, die stechen können, sind der **Drachenkopf** und die **Feuerflunder**; Letztere ist mit einem gefährlichen gezackten Dorn auf dem Schwanz ausgestattet, den sie bei Bedarf als tödliche Waffe benutzt. Weder der eine noch der andere Fisch haben aber die Absicht, dem Menschen gegenüber ihre Waffen einzusetzen, es sei denn, sie werden wiederholt gereizt oder verletzt. Das Gleiche gilt für **Meeraale** und **Muränen**, die über unglaubliche Kräfte und ein Furcht einflößendes Gebiss verfügen. Sie würden aber niemals einen Taucher beißen, nur wenn sie verletzt sind, greifen sie erbarmungslos an. Ab und zu ist ein Taucher tatsächlich von einem großen Meeraal gebissen worden, aber dabei handelte es sich immer um Exemplare, die gewohnt waren, von den Tauchern gefüttert zu werden. Von einem solchen Verhalten ist jedoch sehr abzuraten, denn eine solch unnatürliche Nahrung kann zu unerwünschten Reaktionen führen. Aber bleiben wir noch einen Augenblick bei Stacheln. Ganz bekannt sind die Stacheln der **Seeigel**, vor allem des **Schwarzen Seeigels** *(Arbacia lixula)*, der die Felsen knapp unter

der Wasseroberfläche bedeckt, mit hohem Risiko für Badende. Ein Risiko, das sich fast völlig ausschalten lässt, wenn man mit Maske schwimmt und folglich sieht, wo man Hände und Füße aufstützt.
Auch die Borsten des **Feuerwurms** *(Hermodice carunculata*) können in die Haut eindringen, wo sie einen stechenden Schmerz und lokale Entzündungen verursachen; doch kann man die Anwesenheit des Feuerwurms leicht erkennen, da er beim Herannahen des Menschen ruckartig seine weißen Borstenbündel ausfährt. Seeanemonen haben auch eine gewisse Nesselwirkung, die für kleine Planktonlebewesen tödlich, für den Menschen jedoch völlig harmlos ist, mit Ausnahme der schönen **Alicia** *(Alicia mirabilis)*, die unter Umständen ..... in Erinnerung bleibt!
Auch **Krustentiere**, die oft mit robusten Panzern ausgestattet sind, ziehen beim Herannahen eines Tauchers die Flucht dem Angriff vor. Sollten wir allerdings versuchen, sie zu fangen, gehen sie zur Verteidigung über, vor allem die **Languste**, die dann ihre beachtlichen Scheren einsetzt.
Als Kuriosität sei noch das Abwehr- und Angriffsystem des **Marmor-Zitterrochens** erwähnt, das aus Organen besteht, die so ähnlich funktionieren wie aufladbare elektrische Akkumulatoren. Bei Reizung oder Verletzung ist er in der Lage, einen elektrischen Schlag auszuteilen, der dem unvorsichtigen Taucher im Salzwasser buchstäblich den Atem verschlägt.

HAIFISCHE

Die Begegnung mit Haifischen im Mittelmeer ist sehr selten, und die meisten Taucher haben noch nie einen gesichtet, auch wenn sie jahrelang jede Untiefe im offenen Meer, Landspitzen und entlegenste Inseln, wo eine solche Begegnung wahrscheinlicher sein könnte, durchforscht haben.
Früher gab es sehr viel mehr Haifische, vor allem in der Nähe der südlichen Inseln, und im Juni konnte man in Lampione oder an der Nordküste von Lampedusa oft **Grauwale** (*Carcharinus plumbeus*) sehen. Zu den häufigsten Spezies im offenen Meer, vor allem im Adriatischen Meer, gehört der **Blauhai** (*Prionace glauca*), ein schmaler und schlanker Haifisch mit spitzem Maul, der auch mit der Angelschnur gefangen wird. **Der Fuchshai** (*Alopias vulpinus*), der mit Schwanz bis zu 5 Meter lang werden kann, betäubt seine Beute (Sardinen, Sardellen, Makrelen) mit seinem extrem langen Schwanz.
Auch der sehr gefürchtete **Weiße Hai** lebt und reproduziert sich im Mittelmeer. Er kommt jedoch selten vor, und nur ganz wenige Taucher hatten bisher das Glück, ihm unter Wasser zu begegnen, und fast nie kam es dabei zu einem Angriff seitens des Haifisches.

Schildkröten

Im Mittelmeer ist eine Begegnung mit Schildkröten in allen nördlichen Becken sehr selten, während man sie im Süden und in den östlichen Gegenden häufiger antreffen kann, vor allem, wenn man eine Schiffsreise im offenen Meer unternimmt, wie zum Beispiel auf der Strecke zwischen Lampedusa und der tunesischen Küste. Insbesondere die Baia dei Conigli genannte Bucht in Sizilien wie auch Cala Pozzolana in Ponente di Linosa werden von den Weibchen aufgesucht, die dort ihre Eier abzulegen. Im Mittelmeer lebt und reproduziert sich die Gattung der *Karettschildkröte*, die bis zu einem Meter Länge erreicht. Seltener ist die **Grüne Schildkröte** (*Chelonia mydas*), die eineinhalb Meter lang wird und in Sandlöchern rund 200 Eier ablegt.

In den letzten Jahren ist das Überleben der Mittelmeerschildkröten stark bedroht durch die für den Schwertfischfang ausgeworfenen Angeln. Die Schildkröten sind ganz scharf auf die für die Schwertfische herabbaumelnden Köder und verfangen sich so am Haken.

Karettschildkröte (*Caretta caretta*)

Oben und unten, Furchenzahn-Delphin (*Stenella coeruleoalba*).

Rechts, Rundkopf-Delphin (*Grampus griseus*) und auf der nächsten Seite ein gemeiner Furchenwal (*Balaenoptera physalus*).

WALFISCHE

Im Mittelmeer leben 19 Walfischgattungen, einschließlich der – wenn auch seltenen – Spezies der **Pottwale**, **Schwertwale** und riesigen gemeinen **Furchenwale**. Letzterer wird in mehreren Zonen des Mittelmeers recht häufig gesichtet, wie zum Beispiel in den Frühjahrsmonaten in den Gewässern der Pelagischen Inseln oder in den Sommermonaten in einem Meeresdreieck zwischen Sanremo, den Hyerischen Inseln (Iles d'Hyères) und Korsika, wo die Nahrungsbedingungen offenbar besonders günstig sind.
Gewöhnlich sieht man im Mittelmeer **Große Tümmler** (*Tursiops truncatus*), große Delphine, die aus vielen Fernsehfilmen bekannt sind, in denen sie praktisch die Hauptrolle spielen, und aus den Delphinarien, wo diese Tiere Zirkusnummern vorführen. Ein kleinerer Tümmler dagegen ist der **Stenella** (*Stenella coeruleoalba*), ein sehr geselliger Delphin, der in größeren Herden lebt; dieses soziale Zusammenleben umfasst auch ausgeklügelte Fangstrategien und eine ganze Reihe von Tönen, mit denen die einzelnen Herdenmitglieder untereinander kommunizieren.
In einer gewissen Entfernung von der Küste trifft man manchmal auch **Rundkopfwale** (*Grampus griseus*) an, die leicht erkennbar sind an ihre hellen schiefergrauen Haut, die mit einer dichten Streifung und weißen Strichen überzogen ist.

Männchen und Weibchen

Nicht immer ist es einfach, von ihrem Aussehen und der Färbung her das Geschlecht der Fische zu bestimmen. Bei einigen Spezies ist die Färbung der beiden Geschlechter völlig unterschiedlich, bei anderen haben Männchen und Weibchen ein und dasselbe „Kleid". Dazu gehören in erster Linie die Lippfische, deren Männchen vor allem in der Paarungszeit prächtige Farbkleider aufweisen, nicht unbedingt schillernd, aber doch stets geschmückt durch eine Linie, einen Fleck oder ein markantes, leuchtendes Profil.
Der Meerjunker zeigt sich sogar in drei verschiedenen Farbkleidern jeweils für Weibchen, erwachsene Männchen und ein Zwischenstadium zwischen den beiden Geschlechtern.
Fast immer ist das Farbkleid beim Fischmännchen deutlich lebendiger als das der Weibchen, aber es gibt auch Ausnahmen, wie beim Seepapagei, bei dem das Männchen unscheinbar grau gefärbt ist, während das Weibchen ein leuchtend rotes Farbkleid mit gelben Flecken aufweist.
Was das Geschlecht betrifft, so gibt es sowohl Fische, die das ganze Leben lang entweder männlich oder weiblich bleiben, als auch Zwitter, die im Laufe der Jahre ihr Geschlecht ändern. Es gibt keine feste Regel, nach der sich bestimmen lässt, ob ein Fisch anfangs männlich oder weiblich ist, da dies je nach Gattung unterschiedlich ist. Oraden zum Beispiel sind bis zum 1. oder 2 Lebensjahr und bis zu einer Größe von 25-30 cm männlich und werden anschließend weiblich. Zackenbarsche dagegen sind bis zum 10. oder 12 Jahr weiblich und werden dann männlich.

1

1 - Feuerflunder 100 cm (*Dasyatis pastinaca*)

2 - Marmor-Zitterrochen 60 cm (*Torpedo mormorata*)

Große Plattfische: Stachelrochen (Feuerflunder) und Zitterrochen

Diese Fische mit einem knorpelartigen, abgeplatteten Körper verbringen ihr Dasein auf dem Meeresgrund, wo sie Sand und Detritusböden bevorzugen, auch wenn sie Algenkissen und Posidonienwiesen nicht verschmähen. Der **Stachelrochen** trägt etwa auf der Mitte der Schwanzoberseite einen gezackten Stachel, den er bei Gefahr als Waffe einsetzt und der schmerzhafte Verletzungen, manchmal auch gefährliche Entzündungen verursachen kann. Der Stachelrochen kann riesige Ausmaße mit einem Gewicht von mehr als einer Tonne annehmen. Er ist ovipar, das heißt, das Weibchen legt Eier ab und bringt in den Sommermonaten 6-9 vollkommen ausgewachsene Junge zur Welt. Der **Zitterrochen** hingegen besitzt abgerundete Flossen und einen wesentlich kürzeren Schwanz ohne Stachel. Seine Angriffs- und Verteidigungswaffe ist viel raffinierter und besteht aus Organen, die an aufladbare Akkumulatoren erinnern und mit denen der Zitterrochen seine Beute durch einen starken elektrischen Schlag betäuben kann.

2

Seeschlangen: Muräne

Die Muräne steht in einem unverdient finsteren Ruf, der auf ihr mächtiges Gebiss und das zum Atmen rhythmisch geöffnete und geschlossene Maul wie auch auf ihre Schlangenform und unglaubliche Kraft zurückgeht. In Wirklichkeit ist die Muräne ein eher menschenscheues Tier, das sich sofort in seine Höhle zurückzieht, wenn der Taucher naht. Im Meeresraum nimmt sie – was die Nahrungssuche betrifft – einen vorrangigen Platz ein, da sie stets gierig ist auf Jagd nach Fischen und Mollusken, mit einer besonderen Vorliebe für Kraken, die ihrem Schicksal oft nur mit verstümmelten Tentakeln entgehen.

Die Muräne hält sich tagsüber gern an einem festen Standort auf, wobei der Körper zur Hälfte in einer Felsspalte versteckt bleibt, wie ein Klatschweib, das am Balkon lehnt. Die Muräne kann eine Länge von mehr als 130 cm und ein Gewicht von 10 Kilogramm erreichen.

3, 4 - Muräne 100 cm
(*Muraena helena*)

3

4

Seeschlangen: Meeraal

In der Schlangenform der Muräne ähnlich ist der Meeraal mit gleichmäßig dunkler Färbung, die nur am Bauch heller wird. Er hat große runde Augen und zwei ausgeprägte Brustflossen. Er kann beträchtliche Ausmaße erreichen, die nicht selten zwei Meter Länge und 25 Kilogramm Gewicht überschreiten. Er nährt sich von Fischen und hält sich am liebsten in Schiffwracks auf, wo er seine Höhle häufig mit anderen Exemplaren seiner Gattung oder auch mit einer oder mehreren Muränen teilt. Er besitzt außerordentliche Kräfte, sodass es nicht ratsam ist, ihn zu provozieren, noch mit Speisen anzulocken, da sein Biss sehr schmerzhaft sein kann.

5

5, 6 - Meeraal 120 cm *(Conger conger)*

6

7

8

Seine Majestät der Zackenbarsch

Seine Majestät der Zackenbarsch: ein wahrer König unter den Fischen des Mittelmeeres. Groß, stattlich und ausgesprochen standorttreu, versteht es der Zackenbarsch, seine Herrschaft in der Unterwasserwelt geltend zu machen. Er ist ein Fleisch fressender Räuber, der sich von Fischen, Krustentieren und vor allem Mollusken ernährt. Seine Lieblingsspeise ist die Krake. Die verbreitetste Gattung ist der **Braune Zackenbarsch**, dessen dunkelbraunes Farbkleid mit gelben Flecken übersät ist. In den Sommermonaten liebt er Oberflächengewässer, sofern es dort Gesteinsbrocken und Felsen gibt, die sichere Höhlen bieten. Er kann sehr langlebig sein, und nicht selten beträgt sein Gewicht mehr als 40 Kilogramm. Die gleichen Ausmaße erreicht auch der **Schwarze Zackenbarsch**, aber er kommt weniger häufig vor und bevorzugt tiefere Meeresgründe. Er besitzt eine dunkle Färbung, mit Ausnahme der Jungtiere, die ein haselnussbraunes Farbkleid mit hellen Streifen haben. Der **Goldene Zackenbarsch** ist schlanker in der Form und hat ein spitzes Maul. Er lebt immer frei schwimmend, also nie in Höhlen. Der **Meeresgrund-Zackenbarsch** schließlich, der bis zwei Meter lang und 50 Kilo schwer werden kann, lebt in großen Tiefen. Die jungen Exemplare erholen sich jedoch an der Oberfläche, wo sie unter Kisten, Baumstümpfen und sonstigem Strandgut Zuflucht finden.

7 – Meeresgrund-Zackenbarsch 30 cm (*Polyprion americanum*)

8, 9, 10, 11 - Brauner Zackenbarsch 80 cm (*Epinephelus marginatus*)

12 - Schwarzer Zackenbarsch 80 cm (*Epinephelus caninus*)

9

10

Zackenbarsch – Eine Höhle mit Komfort

Der Zackenbarsch ist ein ausgesprochen standorttreuer Bewohner der felsigen Küsten, der sein Territorium zumindest in der Sommerzeit nie verlässt. Die Höhle wird sehr sorgfältig ausgesucht und muss einer ganzen Reihe von Anforderungen entsprechen. Meist befindet sich der Unterschlupf in den Spalten großer Steinmassen, die auf den Meeresgrund gefallen sind, oder in den Furchen einer schönen Felswand. Selten hat die Höhle nur einen Zugang, sondern fast immer befinden sich auf der gegenüberliegenden Seite des Haupteingangs noch ein oder zwei Nebeneingänge, die zugleich als potentielle Fluchtwege dienen. Die perfekte Höhle hat einen weichen sandigen Untergrund, aber auch ein mit zarten Algen bewachsener, schöner flacher Felsen ist hervorragend geeignet. Einige größere Zackenbarsche, die im Alter „weise" werden, suchen sich völlig undurchdringliche Unterschlüpfe mit ganz schmalem Eingang, der gleich dahinter im 90°-Winkel abbiegt, sodass dem Menschen nicht nur der Zugang, sondern auch der Blick ins Innere versperrt bleibt. Neben seiner Hauptwohnung hat der Zackenbarsch noch einige „provisorische" Höhlen, die in seinem Jagdrevier verstreut liegen. Diese Unterschlüpfe sind weit weniger komfortabel und bieten auch nicht den gleichen Schutz wie die Haupthöhle. Der Zackenbarsch weiß das, denn in diesen Nebenhöhlen bleibt er nur ungern für den Notfall und sucht dann eilends wieder seine geliebte Behausung auf.

11

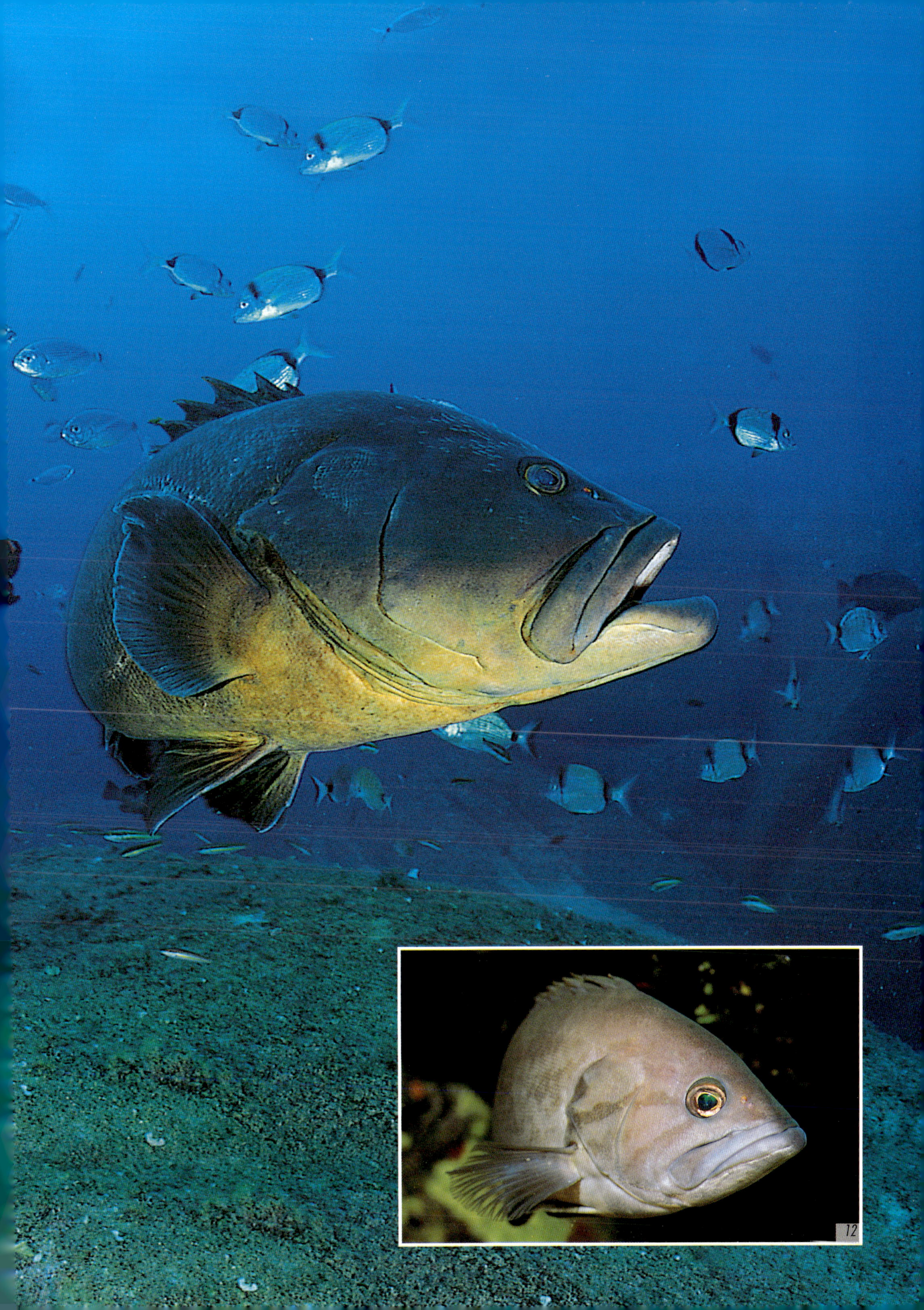

12

Kleine Zackenbarsche: Serranus-Arten

Die am häufigsten an unseren Küsten vorkommenden Fische sind die kleinen Serranus-Arten, regelrechte Zackenbarsche in Minitaurausgabe. Der **Sägebarsch** hat ein hellbraunes Farbkleid mit vertikalen dunklen Streifen und einem länglichen Maul. Der **Schriftbarsch** verdankt seinen Namen einer Reihe von Hieroglyphen auf dem Maul; außerdem ist er leicht zu erkennen an einem blauen Fleck auf den Seiten und an seinem rötlichen Maul. Der **Beutelbarsch** lebt in schlammigen Tiefen und auf Detritusböden; er ist der Kleinste unter den Serranus-Arten und kommt weniger häufig vor als die beiden anderen Gattungen. Im Gegensatz zu den anderen Fischen haben die Serranidae keine Angst vor Tauchern, und oft nähern sie sich neugierig bis auf wenige Meter. Sie sind ziemlich gierige Fleischfresser und ernähren sich von Krebstieren, kleinen Fischen und Weichtieren.

13, 14, 16 - Schriftbarsch 15 cm (*Serranus scriba*)

15 - Sägebarsch 15 cm (*Serranus cabrilla*)

14

15

16

17

18

19

20

21

Quecksilber: Meerbrassen

18, 22 - Zahnbrassen 60 cm *(Dentex dentex)*

19 - Sackbrasse 45 cm *(Pagrus pagrus)*

20 - Goldbrasse (Orade) 45 cm *(Sparus aurata)*

17, 21 - Bandbrasse 18 cm *(Oblada melanura)*

Zur Familie der Meerbrassen (Sparidae) gehören einige der schönsten Fische des Mittelmeeres. Unbestrittener König dieser Familie ist der **Zahnbrassen**, ein majestätischer Raubfisch, der nicht selten über einen Meter lang und 12 Kilo schwer wird. Er ist äußerst misstrauisch, schwimmt gern im freien Wasser in der Nähe von Untiefen und an Überhängen über dunkelblauer Tiefe. Er gleicht in der Form der **Sackbrasse** mit kürzerem, runderem Maul im Vergleich zum Zahnbrassen, und rosa schimmernden Flossen. Er erreicht eine Länge von 80 cm, und sein Fleisch ist wie das des Zahnbrassen fest und sehr gefragt. Die Orade oder **Goldbrasse** rundet dieses prächtige Dreieck ab. Sie hat einen gedrungenen, kräftigen Kopf und ein breites, mit mächtigen Backenzähnen ausgestattetes Maul, das in der Lage ist, mühelos Schalen von Muschel- und Weichtieren, die sie leidenschaftlich gern frisst, zu zertrümmern. Sie trägt auf dem Kiemendeckel einen schwarz umrandeten goldenen Fleck, der

22

23

23, 24 - Streifenbrasse 25 cm
(Spondyliosoma cantharus)

25 - Marmorbrasse 25 cm
(Lithognathus mormyrus)

26, 27 - Goldstrieme 25 cm *(Sarpa salpa)*

24

nach hinten in eine rote Färbung ausläuft. Oraden werden oft bis 70 cm lang und erreichen ein Gewicht bis 70 Kilogramm. Die **Bandbrasse** ist gesellig und schließt sich häufig Gruppen mit Zweibindenbrassen an, den größten Schwärmen in mittleren Wassertiefen. Sie ist leicht zu erkennen an ihrem länglichen Körper und dem typisch schwarzen Fleck auf dem Schwanz. Der Allesfresser stürzt sich praktisch auf alles, was vom Schiff ins Wasser geworfen wird. Aber er ist auch misstrauisch und hält zum Taucher eine respektvolle Distanz ein.

Die **Streifenbrasse** hat eine gewisse Ähnlichkeit mit ihrem größeren Vetter, der Großen Geißbrasse, mit der sie das Habitat teilt. Ausgewachsene Exemplare haben ein ziemlich dunkles Farbkleid und einen kleinen Sattel auf der Stirn. Das Fleisch ist weniger schmackhaft als das der Geißbrasse.

Marmorbrassen gleichen in der Form und Färbung den verwandten Geißbrassen, doch haben sie eine spitzere Schnauze, ähnlich wie die Spitzbrasse. Marmorbrassen zeichnen sich durch 14 bis 15 dunkle Querstreifen auf dem Körper aus. Sie ernähren sich von wirbellosen Tieren, die sie auf sandigen Meeresböden aufwühlen, wo sie dank ihrer hellen Tarnfarbe geschützt sind.

Goldstriemen leben stets in Schwärmen, die dem Kommando eines unsichtbaren Gruppenführers zu

25 26

folgen scheinen. So als wären sie synchronisiert, grasen sie alle zusammen Algen ab, setzen sich unvermittelt in Bewegung und ändern die Richtung. Die Farbe ihres Körpers ist grünlichgrau mit 10-11 gelben Längsstreifen. Erwachsene Exemplare können bis 50 cm Länge und 1 Kilo Gewicht erreichen. Im Unterschied zu anderen Meerbrassen sind Goldstriemen nur in jugendlichem Alter Fleischfresser, wogegen sie als Erwachsene eine rein vegetarische Kost bevorzugen.

27

28

29

Sonstige Meerbrassen: Geißbrassen

Unter den Meerbrassen verdienen die **Geißbrassen** besondere Erwähnung, schon allein aus dem Grund, weil sie im Mittelmeer die am meisten verbreitete Gattung sind. Man kann sie leicht an ihrem silbrigen Farbkleid und der typisch ovalen, abgeplatteten Körperform erkennen. Diese Fische leben gern in Höhlen, doch bei Gefahr flüchten sie in freies Wasser. Nicht selten kann man **Geißbrassen-Schwärme** beobachten, die in der Nähe von seichten Stellen und Felsbrocken bewegungslos im Wasser stehen. Das robuste und mit Schneidezähnen ausgestattete Gebiss ist so beschaffen, dass sich das Tier von Würmern, Krustentieren, Mollusken und Seeigeln ernähren kann, die es aber gern durch eine pflanzliche Kost auf der Grundlage von Algen ergänzt. Sowohl die **Große Geißbrasse** als auch die Spitzbrasse tragen dunkle Querbänder und wiegen oft weit mehr als ein Kilo. Erstere hat jedoch ein eher vertikales Kopfprofil, wogegen die Spitzbrasse sich durch ein spitz zulaufendes Maul auszeichnet. Der Gigant der Familie ist die **Pharaonenbrasse**, die bis 5 kg schwer werden kann, aber sehr selten anzutreffen ist.

28 - Ringelbrasse 15 cm *(Diplodus annularis)*

29, 32 - Große Geißbrasse 22 cm *(Diplodus sargus)*

30 - Spitzbrasse 30 cm *(Diplodus puntazzo)*

30

31 - Zweibindenbrasse 18 cm
(Diplodus vulgaris)

33 - Fünfbindenbrasse 35 cm
(Diplodus cervinus)

31

32

33

In der Tiefe auf der Lauer: Seeteufel, Drachenfische, Meerpfaff, Eidechsenfisch

Viele Fische verschaffen sich ihre Nahrung dadurch, dass sie ihrer Beute auflauern. Einige sind wahre Meister in der Kunst der Tarnung, andere wiederum verstehen es hervorragend, sich zu verstecken, indem sie sich mit Sand bedecken. Allen gemeinsam ist die außergewöhnliche Fähigkeit, blitzschnell zuzuschlagen, sodass das Beutetier kaum eine Chance hat zu entkommen.

Der Koloss unter diesen Fischen ist der **Große Seeteufel**, der bis 2 Meter lang werden kann und dessen riesiges Gebiss dicht besetzt ist mit gekrümmten und scharfen Zähnen. Er liegt gut getarnt auf Sand und Detritusböden und lockt die Beute mit einem spitzen Rückenflossenstrahl an, den er wie einen Köder bewegt.

Ein ähnliches Ködersystem wendet der **Meerpfaff** an, der die Beute mit einem unter der Zunge befindlichen, beweglichen Fangarm anlockt. Der Meerpfaff ist wesentlich kleiner, nur ungefähr 35 cm, und lebt in 15 bis 250 Metern Tiefe.

Drachenfische liegen vollkommen im Sand vergraben und lassen nur die Augen herausschauen. Sie besitzen eine tödliche Waffe in Form von Gift führenden Dornen auf der Rückenflosse und auf den Kiemendeckeln, die sie gegen Beute und Eindringlinge einsetzen. Wie schmerzhaft der Stich ist, können Badende bezeugen, die beim Laufen auf dem Meeresgrund schon einmal die Opfer gewesen sind. Drachenfische haben einen bösartigen Charakter, und es gibt Nachweise von nicht provozierten Angriffen auf Taucher und Schwimmer.

Ähnlich in der schlanken Form wie der Drachenfisch, aber ohne giftige Dornen, ist der **Eidechsenfisch**, der reglos auf sandigem Grund oder auf Detritus auf der Lauer liegt und darauf wartet, dass sich ihm ein kleiner Fisch nähert. Er hat eine großes Maul, das mit spitzen Zähnen ausgestattet ist, die in der Lage sind, die Beute festzuhalten.

36

37

34 - Großer Seeteufel 80 cm *(Lophius piscatorius)*

35 - Gewöhnliches Petermännchen 18 cm *(Trachinus draco)*

36 - Drachenfisch 25 cm *(Trachinus araneus)*

37 - Meerpfaff 30 cm *(Uranoscopus scaber)*

38 - Gewöhnlicher Eidechsenfisch 30 cm *(Synodus saurus)*

38

39

Meister der Tarnung: der Drachenkopf

Aus der Reihe der gut getarnten Lauerräuber sind auch die Drachenköpfe zu nennen, deren Kopf mit Dornen und Auswüchsen bedeckt ist. Das Tarnsystem der Drachenköpfe ist sprichwörtlich, und oft bemerkt man solch ein Exemplar nicht einmal wenige Zentimeter von unserer Hand entfernt, bis dass der Fisch sich mit einem blitzschnellen Ruck fortbewegt. Obwohl er mit Dornen versehen ist, die ein stark wirkendes Gift enthalten, bedient sich der Drachenkopf dieser Waffe nie, weder gegen den Menschen, noch gegen Beutetiere, sondern setzt sie nur bei tödlicher Gefahr gegen Angreifer ein. Der **Braune Drachenkopf** hat eine dunkle Färbung und erreicht eine Länge von 30 cm, 20 weniger als der **Große Drachenkopf**, der Koloss der Familie, der felsigen Untergrund und Tiefen bis 350 Meter bevorzugt. Der **Kleine Drachenkopf** wird meist nicht größer als 15 cm und ist an der feuerroten Färbung und den großen runden Augen erkennbar.

39 - Brauner Drachenkopf 18 cm *(Scorpaena porcus)*
40 - Großer Drachenkopf oder Knurrhahn 35 cm *(Scorpaena scrofa)*
41 - Kleiner Drachenkopf 12 cm *(Scorpaena notata)*

40

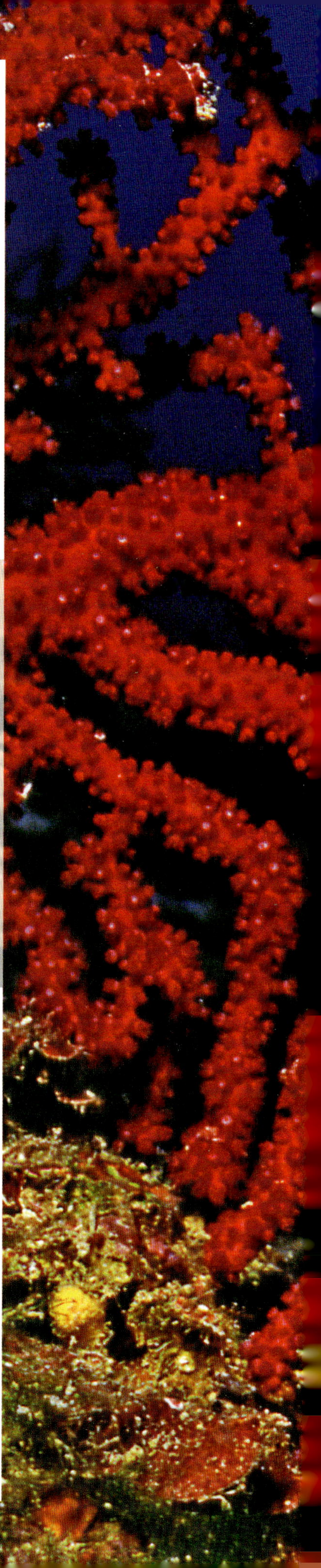

42

42, 44 - Großer Drachenkopf oder Knurrhahn 35 cm *(Scorpaena scrofa)*

43 - Kleiner Drachenkopf 12 cm *(Scorpaena notata)*

43

44

45

46

48

45, 46, 47 - Meerbarbenkönig 10 cm *(Apogon imberbis)*

48, 49 - Roter Fahnenbarsch 10 cm *(Anthias anthias)*

47

49

Höhlenfische: Meerbarbenkönig, Roter Fahnenbarsch, Gabeldorsch, Meerrabe

Es gibt Fische, die man als „Höhlenfische" bezeichnen könnte, weil sie sich immer lichtfern in der Dunkelheit von Höhlen und Felsabgründen aufhalten. Zu den lichtscheuesten Tieren gehört der **Meerbarbenkönig**, ein kleiner roter Fisch mit auffallend großem Kopf und einem schwarzen Auge mit doppeltem weißen Streifen. Das Männchen versorgt die Brut, indem er die befruchteten Eier bis zum Zerspringen in seinem Maul bewahrt.
Ähnlich in der Farbe, aber schlanker und mit stärker ausgeprägten Flossen, ist der **Rote Fahnenbarsch**. Er tritt in riesigen Schwärmen und herrlichen Gruppenformationen auf, die vor den Höhlen stationiert sind. In der Nähe von Schiffswracks oder tiefen Sandbänken erscheinen sie so geballt, dass sie regelrechte leuchtend rote Mauern bilden.
Ein Einzelgänger hingegen ist der **Gabeldorsch**, ein schöner Fisch, der eine Länge bis 65 cm erreichen kann und der an den typischen Barteln unter dem Maul erkennbar ist. Er hat eine dunkelbraune bis rötliche Färbung mit einer helleren Bauchzone. Er verlässt die Höhle nur in den Nachtstunden, wenn er auf Fische und Krustentiere Jagd macht.
Eine wunderschöne Bronzefarbe mit vielen Goldschattierungen besitzt der **Meerrabe**, ein eleganter und wegen seines weißen Fleisches sehr begehrter Fisch. Er liebt das Leben in zahlreicher Familie und entfernt sich nie weit von seiner Höhle, in die er sich im Notfall mit eleganten und majestätischen Schwimmbewegungen flüchtet, denn er flieht niemals „Hals über Kopf". Er kann bis 170 cm groß werden und 3 Kilogramm Gewicht erreichen.

50

51

50 - Dunkler Gabeldorsch 45 cm *(Phycis phycis)*

51 - Meerrabe 40 cm *(Sciaena umbra)*

52

55

53

In freiem Wasser: Meeräsche, Seebarsch, Bernsteinmakrele, Barrakuda

Jungtiere von Meeräschen sind der Inbegriff der Jugend. Sie spielen ständig „Nachlaufen“, schwimmen wie Raketen in einer Handbreit Wasser, springen, stoßen sich, rasen los und bleiben unvermittelt eine Sekunde lang stehen, um dann wieder fortzuschnellen. Als Erwachsene werden sie solitärer und verdrieß-

54

56

52, 55 - Meeräsche 35 cm *(Mugil cephalus)*

53 - Seebarsch 40 cm *(Dicentrarchus labrax)*

54 - Bernsteinmakrele 80 cm *(Seriola dumerilii)*

56, 57 - Barrakuda 70 cm *(Sphyraena sphyraena)*

57

licher, sind aber ständig in Bewegung und stöbern im Sand oder Schlamm herum, immer auf der Suche nach ein paar Würmern oder Mollusken. Die Fähigkeit, blitzschnell loszuschießen, verdanken sie der spindelförmigen Körperform und dem schlagkräftigem Schwanz.
Ähnlich in der Form ist der **Seebarsch**, schon in der Jugend ein Einzelgänger, der zum Spielen wenig Lust verspürt. Er ist ein gefürchteter Räuber, der geräuschlos in niedrigem Wasser zwischen Steinbrocken und kleinen Felsen herumschwimmt, immer bereit, sich blitzschnell auf die Beute zu stürzen. Er kann beträchtliche Ausmaße erreichen, bis 1 Meter Länge und 20 Kilo Gewicht.
Bernsteinmakrelen sind prachtvolle Hochseefische, die sich manchmal der Küste nähern. Sie bevorzugen Sandbänke und Landzungen, die sich ins offene Meer vorstrecken. Als Jungtiere sind sie sehr gesellig und leben in Gruppen mit mehreren Dutzend Exemplaren. Erwachsene Bernsteinmakrelen werden zunehmend zu Einzelgängern, auch wenn sie häufig in zahlreichen Gruppen anzutreffen sind. Sie sind gefürchtete Räuber und verfolgen erbarmungslos Nadelfische, Sardinen und Gelbstriemen. Zuweilen werden sie bis 2 Meter lang, bei einem Gewicht von 40 Kilogramm. Für Taucher im Mittelmeer ist die Begegnung mit diesem Fisch ein ganz besonderer Höhepunkt. **Barrakudas**, die irrtümlicherweise ausschließlich für eine tropische Gattung gehalten werden, leben auch im Mittelmeer, wo sie sich in den letzten Jahren erheblich vermehrt haben. Sie versammeln sich in Schwärmen und lieben der Strömung ausgesetzte Stellen. Die mit einem Furcht erregenden Gebiss ausgestatteten Räuber erreichen im Mittelmeer im Allgemeinen eine Größe von ungefähr 60-90 cm.

58

61

59

60

Dichte Schwärme: Großer Ährenfisch, Gefleckte Schnauzenbrasse, "Zerro", Gelbstrieme, Mönchsfisch

Oft findet sich der Taucher umgeben von dichten Fischschwärmen, die sich wie lebendige Mauern auftürmen. Ausgesprochen spektakulär sind die Schwärme der **Ährenfische**, kleine silberne Fische mit lang gestrecktem Körper, die sich in den Sommermonaten zu unermesslichen Schwärmen versammeln. Am Anfang des Sommers gruppieren sich hingegen die **Gefleckten Schnauzenbrassen** und eine **„Zerro"** genannte verwandte Gattung gern zur Paarung. Man kann sie unter den vielen silbrigen Fischen mit gleicher Körperform an einem schwarzen rechteckigen Fleck erkennen, der sich in der Mitte der Körperseite befindet. Die Schnauzenbrasse hat einen höheren Kopf als der "Zerro". Ähnlich in der Form, aber mit nach unten gebogenem Maul und ohne Seitenfleck, sind die **Gelbstriemen**, die wie Zahnbrassen, Goldbrassen und Geißbrassen der Familie der Sparidae angehören. Der **Mönchsfisch** kommt so häufig vor, dass er kaum beachtet wird. Die kleinen dunkelbraun bis schwarzen Fische mit gegabelter Schwanzflosse umschwirren den Taucher oft in so großen Schwärmen, dass sein Blickfeld eingeschränkt wird. Die Jungen dagegen haben eine herrlich leuchtende, kobaltblaue Farbe.

58 - Großer Ährenfisch 10 cm *(Atherina)*

59, 64 - Mönchsfisch 9 cm *(Chromis chromis)*

60 - "Zerro" 13 cm *(Spicara smaris)*

61 - Gefleckte Schnauzenbrasse 15 cm *(Spicara maena)*

62, 63 - Gelbstrieme 15 cm *(Boops boops)*

62

63

64

Lippfische

Die große Familie der Lippfische enthält einige der buntesten und auffälligsten Arten unserer Meere und zeichnen sich oft durch Farbkleider aus, die je nach Geschlecht und Entwicklungsstadium grundverschieden sind. Beim **Kuckuck-Lippfisch** zum Beispiel hat das Weibchen eine orangerote Färbung mit einer Reihe schwarzer und weißer Flecken auf dem Rücken, wogegen das Männchen ein herrliches bräunlich-grünliches Farbkleid mit intensiv leuchtender, blauer Zeichnung aufweist.
Wunderschön ist auch das **Männchen** des **Pfauenlippfisches**. Er verdankt seinen Namen dem schillernden Farbkleid, das in seiner Schönheit und Pracht an einen Pfau erinnert: gelb bis dunkelbraun die Grundfarbe, mit azurblauen, türkisfarbenen, roten und grünen Flecken und Punkten. Viele Lippfische haben die Angewohnheit, in der Paarungszeit regelrechte Nester zu bauen, eine Aufgabe, die den Männchen zukommt. Man kann sie beobachten, wie sie in den Tiefen hin und her schwimmen mit Büscheln zarter Algen im Maul, die sie benutzen, um eine Felsnische weich auszupolstern, in die sie dann das Weibchen zur Paarung hinführen.
Alle Lippfische haben eine lang gestreckte ovale Körperform, die bei einigen Spezies sehr schmal und schlank sein kann; dazu gehören beispielsweise die **Meerjunker**, äußerst agile Lippfische, die ständig in Bewegung sind und sich manchmal zu wahren Farbreigen vereinen, immer bereit, sich gierig auf jegliche Futterquelle zu stürzen. Lippfische sind Fleischfresser, die sich von kleinen Fischen, Weichtieren, Würmern und Krebstieren ernähren.

65, 69 - Kuckuck-Lippfisch 25 cm - Männchen und Weibchen - *(Labrus mixtus)*

66 - Grüner Lippfisch 30 cm *(Labrus viridis)*

67, 68 - Pfauenlippfisch 25 cm - weibchen und männchen - *(Symphodus tinca)*

65

69

68

67

66

70

74

Ihre Größe reicht von wenigen Zentimetern bei kleineren Spezies bis 40-50 cm beim **Grünen Lippfisch**, dem **Amsel-Lippfisch** und dem **Kuckuck-Lippfisch**.

70 - Amsel-Lippfisch 25 cm *(Labrus merula)*

71 - Fünffleckiger Lippfisch 10 cm *(Symphodus roissali)*

72, 73 - Mittelmeer-Lippfisch 12 cm - Männchen und Weibchen- *(Symphodus mediterraneus)*

74 - Augenfleck-Lippfisch Männchen 10 cm *(Symphodus ocellatus)*

73

71

72

75

76

82

77

81

78

80

79

83

75 - Schermesserfisch 15 cm *(Xyrichtys novacula)*

76 - Schnauzen-Lippfisch 10 cm *(Symphodus rostratus)*

77 - Doderleins Lippfisch 10 cm *(Symphodus doderleini)*

78 - Meerjunker

79 - Pfauen-Meerjunker Männchen 13 cm *(Thalassoma pavo)*

80 - Meerjunker Weibchen 15 cm *(Coris julis)*

81 - Meerjunker Männchen 15 cm *(Coris julis)*

82 - Schwarzschwanz-Lippfisch 8 cm *(Symphodus melanocercus)*

83, 84 - Pfauen-Meerjunker 13 cm *(Thalassoma pavo)*

84

85

89

88

87

86

85 - Blutmundgrundel 14 cm *(Gobius cruentatus)*

86 - Goldgrundel 6 cm *(Gobius auratus)*

87 - Leopardengrundel 8 cm *(Thorogobius ephippiatus)*

88 - Schlankgrundel 10 cm *(Gobius geniporus)*

89 - Anemonengrundel 8 cm *(Gobius bucchichi)*

90 - Hirsch-Schleimfisch 6 cm *(Parablennius zvonimiri)*

91 - Gestreifter Schleimfisch 14 cm *(Parablennius gattorugine)*

Schwarzgrundel

Grundeln (Familie **Gobiidae**) sind kleine Fische mit lang gestreckter Körperform, die dank ihrer marmorierten Tarnfarbe in engem Kontakt mit dem Meeresgrund leben. Sie haben ähnliche Gewohnheiten wie Schleimfische, unterscheiden sich von diesen aber durch zwei getrennte Rückenflossen (während Schleimfische nur eine haben). Man findet sie fast immer unbeweglich auf dem Grund, wo sie einen Großteil ihrer Zeit verbringen. Sie ernähren sich von kleinen Fischen, Krustentieren und Mollusken und leben in flachem Wasser und bis zu einer Tiefe von etwa 40-50 Metern.

90

Schleimfische

Eine gewisse Ähnlichkeit mit den Grundeln haben die Schleimfische. Ein typisches Merkmal ist die einzige Rückenflosse, die sich über die gesamte Körperlänge erstreckt. Häufig sind sie mit Auswüchsen am Kopf ausgestattet, die bei einigen Gattungen, etwa dem **Gestreiften Schleimfisch** und dem Hirsch-Schleimfisch, wie kleine verzweigte Hörner aussehen. Oft liegen sie da, den Kopf aus der Höhle gesteckt, und beobachten den Taucher mit belustigter Miene. Einige Spezies sind in der Lage, sich auch außerhalb des Wassers aufzuhalten, indem sie auf dem Bauch rutschen oder regelrechte Sprünge vollführen. So kann man sie häufig bei Ebbe in Pfützen sehen. Schleimfische ernähren sich von kleinen Krustentieren, Invertebraten und Algen.

91

94

93

92 - Streifen-Schleimfisch 6 cm *(Parablennius rouxi)*

93 - Amphibischer Schleimfisch 9 cm *(Parablennius galerita)*

94 - Blutstriemen-Schleimfisch 12 cm *(Parablennius sanguinolentus)*

92

95

Spitzkopf-Schleimfische

Es handelt sich um kleine Fische mit lang gestrecktem spindelförmigen Körper. Sie liegen unbeweglich auf dem Grund und passen sich aufgrund ihrer Tarnfarbe der Umgebung an. Die Färbung neigt zu Rotbraun, doch variiert sich je nach Gattung und Geschlecht, und auch während der Paarungszeit ändert sich oft das Farbkleid. Sie sind ausgesprochen standorttreu und ernähren sich von kleinen Invertebraten. Sie werden nicht größer als 8 cm, und die Pflege des Geleges übernimmt das Männchen. Sie leben in Seichtwasser, mit Ausnahme des Gelben Spitzkopf-Schleimfisches, der bis in 40 Meter Tiefe hinunter schwimmt.

98

95 - Roter Spitzkopf-Schleimfisch 6 cm *(Tripterygion tripteronotus)*

96, 98 - Gelber Spitzkopf-Schleimfisch 6 cm *(Tripteygion delaisi)*

97 - Zwergspitzkopf-Schleimfisch 4 cm *(Tripterygion melanurus)*

97

96

Auf dem Sandgrund: Rote Meerbarbe, Gestreifter Knurrhahn, Flughahn

Meerbarben suchen sich ihre Nahrung mit dem Maul auf dem Grund, indem sie die Barbeln, die am Mund befindlichen Tast- und Geschmacksorgane, heftig hin und her bewegen. Sie arbeiten unentwegt und lassen ganze Sedimentwolken hinter sich, von denen wiederum Geißbrassen, Meerjunker und Lippfische profitieren. Die **Felsen-Meerbarbe** unterscheidet sich von der auf Weichböden lebenden **Meerbarbe** durch ein weniger vertikales Kopfprofil, längere Barbeln und ein Farbkleid mit roten und gelben Längsstreifen.
Sowohl der **Gestreifte Knurrhahn** als auch der **Flughahn** sind Fische, die beim Taucher, der sie beobachtet, den Eindruck erwecken, als befänden sie sich in Vollnarkose. Sie liegen reglos auf dem Grund, und wenn sie sich in Gefahr glauben, fangen sie buchstäblich an, auf dem Boden „zu laufen", indem sie die Strahlen der Brustflossen wie Beine benutzen. Wenn man noch ein wenig näher kommt, breiten sie – wie ein Wunder – zwei herrliche blaue Flügel aus und ... fliegen fort wie Segelflugzeuge! Darüber hinaus ist der Knurrhahn in der Lage, Töne hervorzubringen, die sich wie Knurren anhören.
Steinbutte sind **Plattfische**, die im Laufe der Jahre eine Metamorphose erleben, indem beide Augen auf die linke Körperseite übergehen, und sich dem Leben auf dem Meeresboden anpassen. Larven und Jungtiere bis 3-4 cm Länge sind hingegen normale Fische, deren Organe symmetrisch am Körper angeordnet sind. Sprichwörtlich ist die Tarnfähigkeit der Butte, die nur ein geübtes Auge auf sandigen Böden erkennen kann. Sie ernähren sich von Fischen und Invertebraten und können sich mit unglaublicher Geschwindigkeit eingraben.

99 - Streifenbarbe 15 cm *(Mullus surmuletus)*

100 - Rote Meerbarbe 15 cm *(Mullus barbatus)*

101 - Steinbutt 12 cm *(Zeugopterus regius)*

102 - Weitäugiger Butt 15 cm *(Bothus podas)*

99

100

101

102

103

104

105

103 - Gestreifter Knurrhahn 18 cm *(Chelidonichthys lastoviza)*

104 - Flughahn 35 cm *(Dactylopterus volitans)*

105 - Mondfisch 60 cm *(Mola mola)*

106 - Schweinsfisch 30 cm *(Balistes capriscus)*

Seltsame Fische: Mondfisch, Hornfisch, Papageifisch, Petermännchen

Unter den seltsamen Fischen nimmt der **Mondfisch** einen besonderen Platz ein. Er hat eine ovale abgeplattete Form, mit einer Rücken- und Bauchflosse, die am äußersten Ende des Körpers sitzen. Trotz der riesigen Ausmaße, die dieser Fisch erreichen kann, hat er ein kleines Maul, und sein Speisezettel besteht hauptsächlich aus Plankton und Benthos, d.h. auf dem Meeresboden lebenden Pflanzen und Tieren. An der Oberfläche wird er meist in den Sommermonaten gesichtet, wo er gern flach auf dem Wasser liegt. Seine Rückenflosse wird zuweilen mit der des Haifisches verwechselt. Sowohl der **Hornfisch** als auch der **Papageifisch** werden fälschlicherweise für Fische des Roten Meeres gehalten, die ins Mittelmeer eingedrungen seien, doch sind sie in Wirklichkeit in diesem Meer heimisch. Der **Hornfisch** lebt auf felsigem Grund, wo das Männchen die vom Weibchen in einer Felsnische abgelegten Eier mit allen Kräften verteidigt. Er hat mächtige Schneidezähne und zögert nicht, jeden zu beißen, der es wagt, in sein Territorium einzudringen, solange sich die Eier im Nest befinden. Der **Papageifisch** benutzt seine Brustflossen zur Fortbewegung. Er schwimmt ruckartig, aber nicht sehr schnell. Seine Zähne sind zu einer Art Knochenschnabel verwachsen, den er benutzt, um die Algen von den Felsen zu kratzen. Der Papageifisch stellt einen der wenigen Fälle dar, bei denen die Färbung des Männchens, ein monotones Grau-Braun, unscheinbarer ist als das des Weibchens, das auf einem leuchtend roten Farbkleid gelbe Flecken aufweist. Der **Peterfisch** hat das typische Aussehen eines Grundfisches, der in einer Tiefe bis 400 Meter leben kann. Auf seinem stark abgeflachten Körper sitzt eine Rückenflosse, die mit langen Stachelstrahlen ausgestattet ist. Seine Augen sind groß, und seine Schwimmbewegung ist langsam und unsicher, doch gelingt es ihm in den Nachtstunden, seine Beute zu fangen, indem er blitzschnell mit dem Mund vorstößt, der wie ein Rüssel nach vorn schnellt.

106

107

107, 108 - Seepapagei 25 cm
(Sparisoma cretense)

109 - Heringskönig 30 cm
(Zeus faber)

108

109

Klassifikation der wirbellosen Meerestiere

Schwämme (Porifera)
Nesseltiere (Hydrozoen)
Würmer (Polychäten)
Weichtiere (Mollusken)
Krebstiere (Crustacea)
Moostierchen (Bryozoen)
Stachelhäuter (Echinodermen)
Manteltiere (Tunikaten)

110

SCHWÄMME – (PORIFERA)

Im Mittelmeer gehören Schwämme zu den Organismen, die das Unterwasser-Ambiente besonders farbig gestalten und verschönern. Dabei denken wir nicht nur an den klassischen Badeschwamm, der unter Wasser eine dunkle, fast schwärzliche Färbung besitzt, sondern an die rund 600 Arten, die in unseren Meeren leben und sich durch unterschiedlichste Formen und oft ungemein leuchtende Farben auszeichnen. Sie zu erkennen, ist nicht immer einfach, nicht einmal für Experten. Bei allen hier abgebildeten Schwämmen handelt es sich um **Demospongiae** mit einer charakteristischen, aus Kieselnadeln bestehenden Skelettstruktur. Diese Nadeln stecken in einer Gerüstsubstanz, die Spongin genannt wird. Die Oberfläche des Schwammes ist übersät mit verschieden großen Löchern (Poren und Ausströmöffnungen), durch die das Wasser im Innern der Struktur, wo die Nahrungsstoffe erfasst werden, zirkulieren kann.

110 - Gelber Höhlenschwamm 25 cm *(Aplysina cavernicola)*

111 - Orangener Hornschwamm 20 cm *(Agelas oroides)*

112

111

113

114

115

116

112, 116 - Löchriger Geweihschwamm 35 cm *(Axinella polypoides)*

113 - Rosafarbener Zylinderschwamm 10 cm *(Haliclona mediterranea)*

114 - Orangener Strahlenschwamm *(Spirastrella cunctatrix)*

115 - Badeschwamm 20 cm *(Spongia officinalis)*

117

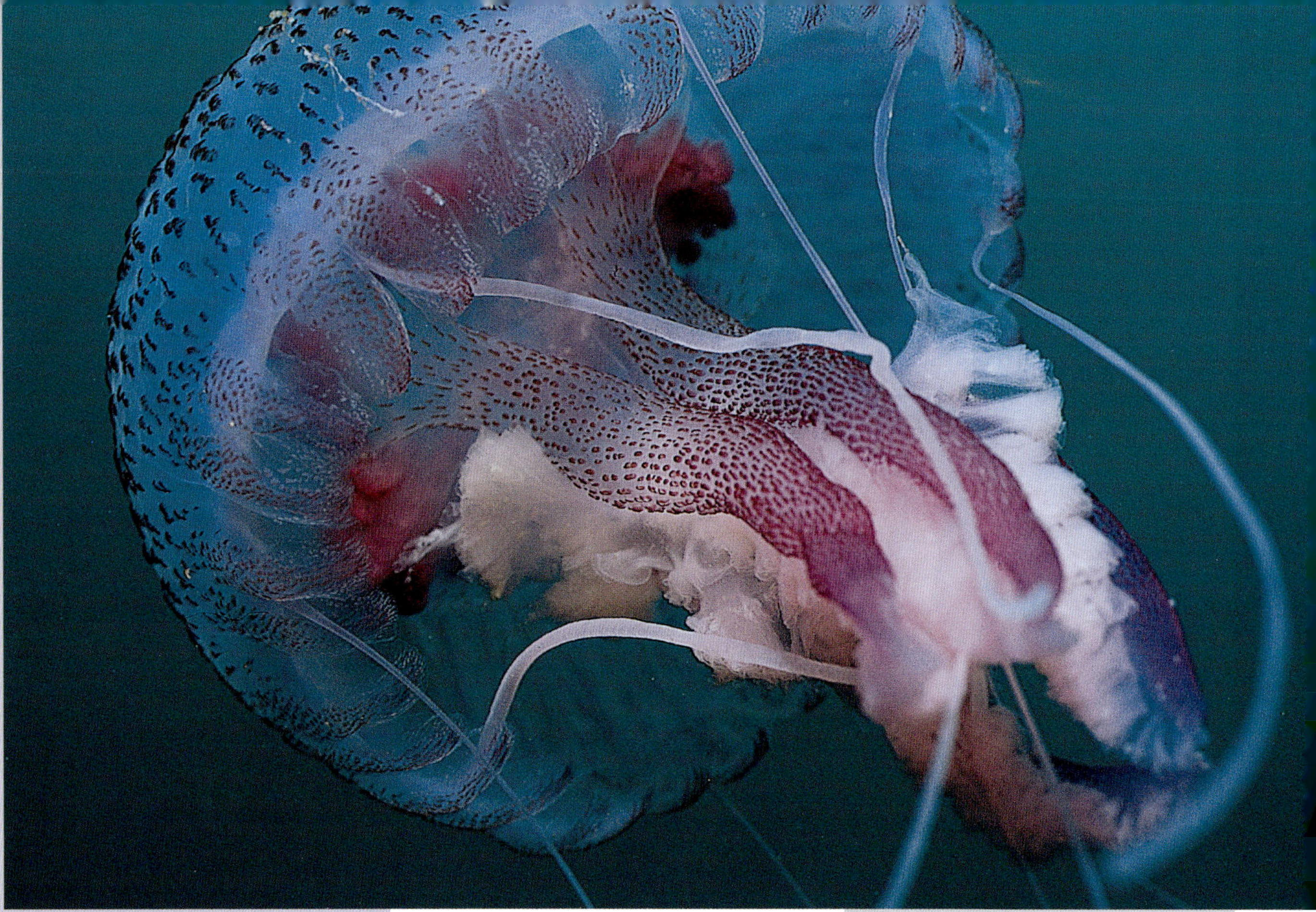

NESSELTIERE ODER HOHLTIERE

Diesem Phylum gehören viele der schönsten Organismen des Mittelmeeres an. Sie kommen hauptsächlich in zwei Formen vor, als Qualle oder Meduse und als Polyp. Quallen schweben frei im Wasser, während Polypen am Substrat festsitzen. Beide sind mit einem Kranz von Tentakeln ausgestattet; die dort sitzenden Nesselzellen benutzen sie, um kleine Beutetiere zu lähmen und dann ihrem Mund zuzuführen, der sich in der Mitte der Tentakeln öffnet. Polypen können, wie Seeanemonen, allein leben, oder auch große Kolonien bilden. Einige haben ein festes Skelett sowohl aus Kalk (Koralle, Perlmutt) als auch aus Horn (Gorgonie, Schwarze Koralle). Nesseltiere gliedern sich in drei Hauptkategorien: Bechertiere (Szyphozoen), Hohltiere (Hydrozoen) und Korallentiere.

117 - Leuchtqualle 10 cm
(Pelagia noctiluca)

118 - Lungenqualle 40 cm
(Rhizostoma pulmo)

119 - Spiegelei-Qualle 18 cm
(Cothyloriza tuberculata)

120 - Segelqualle 4 cm
(Velella velella)

120

118

Quallen oder Medusen – (Szyphozoen)

Quallen sind für Badende die gefürchtetsten Organismen, da sie schmerzhafte Vernesselungen verursachen können. Von den im Mittelmeer vorkommenden Arten ist aber nur die **Leuchtqualle** gefährlich, wogegen die anderen hier abgebildeten Medusen für den Menschen keinerlei Gefahr darstellen. Aus der Nähe betrachtet zeigen sie ihre wunderschöne zarte Struktur, die aus einem halbkugeligen Schirm und einer Reihe Mundarme bestehen. Das Fangsystem für das Plankton, von dem sie sich ernähren, ist genial. Die Qualle besitzt lange Tentakeln, deren Enden mit Nesselkapseln ausgestattet sind, die bei der Berührung mit der Beute ein lähmendes Gift in den Körper der Opfer spritzen. Die Tentakeln werden wie Angelschnüre wieder eingezogen und die Beute wird zum Mund geführt. Medusen haben die Möglichkeit, sich langsam zu bewegen, indem sie den Schirm rhythmisch zusammenziehen, doch bei Wellengang oder in der Strömung können sie nicht schwimmen. Die **„Meereslunge"** erreicht zuweilen die Größe eines Fußballs, und manchmal beherbergt sie zwischen den Tentakeln kleine Stoppelfische.

Die **Segelqualle** ist keine Meduse, sondern gehört den Hydrozoen an. Sie hat die Form eines kleinen Bootes mit aufgesetztem dreieckigen Segel. Vom Wind getrieben fängt sie das Plankton mit seinen blauen Tentakeln.

Die Medusen

In den letzten Jahren hat man beobachtet, dass Buchen und Küstenstreifen in den Frühjahrs- und Sommermonaten immer häufiger von Medusen heimgesucht werden. Es handelt sich um Tiere, die sich nicht energisch genug den Strömungen und dem Wellengang entgegensetzen können und daher von der Flut ans Ufer getrieben werden, sodass sie für Badegäste zu einem wirklichen Problem werden. Von den Mittelmeergattungen ist nur die Leuchtqualle (*Pelagia noctiluca*) wirklich zu fürchten, eine rosa-violette oder auch bräunlich-gelbe Qualle, die etwa 10-15 Zentimeter groß ist. Ihr starkes Gift verursacht sehr schmerzhaftes Brennen und hinterlässt sichtbare Spuren auf der Haut. Die Vernesselung erfolgt sowohl bei Berührung mit dem Schirm als auch mit den Tentakeln, die sie hinter sich zieht, lange weiße Fäden, deren Zellen mit Gift gefüllt sind. Die anderen Mittelmeerspezies erzeugen keine Beschwerden, allenfalls bei Kontakt mit empfindlichen Körperstellen. Auf jeden Fall ist es ratsam, den Tentakeln der großen Lungenqualle (*Rhizostoma pulmo*) aus dem Weg zu gehen, die eine wenn auch ungefährliche Brennung hervorrufen.
Was ist zu tun, wenn man von einer Meduse berührt wird? Zuerst entfernt man jede Spur der Tentakeln, da die Nesselwirkung anhält, auch wenn die Fangarme vom Körper des Tieres getrennt sind. Da es sich um thermolabile Giftstoffe handelt, kann man den Schmerz erheblich lindern, wenn man den betroffenen Körperteil einige Minuten in heißes Wasser taucht. Die Giftwirkung wird auch vermindert durch Auflegen von Ammoniak-Packungen.

117/a - Lungenqualle 40 cm *(Rhizostoma pulmo)*

118/b - Leuchtqualle 10 cm *(Pelagia noctiluca)*

118/b

117/a

123

121, 122, 123 - Rote Gorgonie 80 cm
(Paramuricea clavata)

124 - Gelbe Gorgonie 25 cm
(Eunicella cavolinii)

125 - Leptogorgia 50 cm
(Leptogorgia sarmentosa)

125

124

121

GORGONIEN (Anthozoen oder Blumentiere – ***Oktokorallier***)

Gorgonien haben eine strauchartige Gestalt, die stark an Gewächse und Sträucher der Erde erinnern. In Wirklichkeit handelt es sich um Tierkolonien, die aus vielen kleinen Organismen bestehen, so genannten Polypen, die von einem Hornskelett getragen werden. Jeder dieser Polypen hat acht Tentakeln *(Oktokorallier)*, die er benutzt, um das Plankton zu fangen, mit dem er sich ernährt. Die Struktur der Gorgonie ist so beschaffen, dass die Polypen sich vom Meeresgrund abheben und sich so weit wie möglich der Strömung aussetzen. Deshalb finden wir Gorgonien vor allem dort, wo die Strömung am stärksten ist. In der Unterwasserwelt gehören sie zu den spektakulärsten Organismen,

122

126

126 - Gelbe Gorgonie 25 cm *(Eunicella cavolinii)*

127 - Weiße Gorgonie 30 cm *(Eunicella singularis)*

128 - Warzige Gorgonie 25 cm *(Eunicella verrucosa)*

die herrliche Farben entfalten. Eine der in unseren Meeren vorkommenden 5 Spezies ist die **Leptogorgia** *(Leptogorgia sarmentosa)*, die jede Färbung annehmen kann, von schneeweiß über gelb, rosa und rot bis dunkelviolett. Die auffallendste Gorgonie ist zweifellos die **Farbwechselnde Gorgonie** *(Paramuricea clavata)*, die über einen Meter groß werden kann und regelrechte Unterwasserwälder von unsagbarer Schönheit bildet. Die rote Färbung dieser Gorgonie wechselt zuweilen zu einem intensiven Gelb. Die **Warzige Gorgonie** *(Eunicella verrucosa)* ist eine seltenere Art und lebt nur in der Tiefe.

127

128

130

131

132

129 – Edelkoralle in der seltenen Rosafärbung 10 cm (*Corallium rubrum*)

130, 131 – Edelkoralle (*Corallium rubrum*)

132 – Ganz seltene Weißfärbung der Edelkoralle (*Corallium rubrum*)

Korallen (Anthozoen oder Blumentiere – ***Oktokorallier***)

Auch Korallen gehören der Familie der Gorgonien an, aber im Gegensatz zu diesen haben sie ein elastisches Hornskelett und einen harten und zerbrechlichen Kalkstamm. Weltberühmt und seit dem Altertum sehr begehrt ist die mediterrane Edelkoralle, die einen großen Handelswert besitzt und von Korallenfischern unablässig gefangen wird, einer kleinen Gruppe von Tauchern, die in tiefsten Tiefen täglich ihr Leben aufs Spiel setzen. Die **Edelkoralle** scheut das Sonnenlicht und wächst in Höhlen und lichtgeschützten Spalten, meist „mit dem Kopf nach unten". Die Polypen weisen ausgestreckt einen herrlichen Kranz mit acht Tentakeln auf. Die Koralle ist meist leuchtend rot gefärbt, doch gibt es auch Variationen zum Thema mit helleren Färbungen, die zu Rosa und sogar Schneeweiß tendieren, auch wenn es sich dabei um Ausnahmen handelt. Die Edelkoralle wächst nur auf felsigem Substrat in mindestens 25 bis 200 Metern Tiefe.

ALCYONIIDAE (Anthozoen - ***Oktokorallier***)

Diese Koralle ist die mediterrane Version der weit verbreiteten tropischen Familie der Alyoniidae. Sie kommt in unseren Meeren nicht allzu häufig und auch mit weniger Spezies vor. Am meisten verbreitet ist die **Krustenbildende Lederkoralle** *(Parerythropodium coralloides)*, die mehr oder weniger ausgedehnte Gorgonien bedeckt. Sie zeichnet sich durch weiße oder gelbe Polypen aus sowie durch die im Vergleich zur Gorgonie, auf der sie wächst, intensivere Farbe, die von einem schönen Fuchsien-Ton bis zu leuchtendem Rot, Gelb und Schneeweiß reichen kann. Mit eigenem Skelett ausgestattet, das durch das ins Innere gepumpte Wasser aufrecht und turgeszierend gehalten wird, sind die Spezies *Alcyonium acaule* und *Alcyonium palmatum*, die häufig verwechselt werden. Letztere wird wegen der fingerförmigen Verzweigungen, die entfernt an eine menschliche Hand erinnern, und aufgrund der weißlichen Färbung in der Umgangssprache „Große Meerhand" genannt. Erstere Koralle wächst auf felsigen Substraten, die Zweite auf Detritus und schlammigem Meerboden. Die Polypen haben acht Fangarme und eine weiße oder gelbe Farbe.

133

134

135

136

133 - Mittelmeer-Meerhand 10 cm
(Alcyonium acaule)

134, 135, 136 - Krustenbildende Lederkoralle
(Parerythropodium coralloides)

137 - Goldfarbige Seerose 10 cm
(Condylactis aurantiaca)

138 - Pferdeaktinie 5 cm
(Actinia equina)

139 - Wachsrose 25 cm
(Anemonia viridis)

137

138

140, 141 - Alicia 25 cm *(Alicia mirabilis)*

142, 143 - Schmuckanemone 2.5 cm *(Corynactis viridis)*

144 - Einsiedler-Seerose 4 cm *(Calliactis parasitica)*

145 - Siebanemone 8 cm *(Aiptasia mutabilis)*

139

AKTINIEN (Anthozoen – ***Hexakorallier***)

Aktinien, aufgrund ihrer Ähnlichkeit mit den Landblumen auch Seerosen genannt, sind Anthozoen oder Blumentiere, die aus einem einzigen großen Polypen bestehen und einer Mundöffnung, die von einer großen Anzahl nesselnder Tentakeln umgeben ist. Sie leben entweder festsitzend auf dem Felsen oder im Sediment; bei Gefahr können sie ihre Tentakeln blitzschnell einziehen und sich zu einer Kugel zusammenrollen. Einige Arten, wie die **Einsiedlerkrebs-Anemone**, leben in Symbiose mit Einsiedlerkrebsen und klammern sich fest an ihr Gehäuse. Die Symbiose ist gegenseitig, insofern als die Aktinie den Einsiedlerkrebs mit der Nesselkraft ihrer Tentakeln verteidigt und als Gegenleistung dafür von diesem Speisereste bekommt. Erwähnenswert ist hier die Seeanemone *Alicia mirabilis*, die am Tag wie ein klei-

141
140

ner Blumenkohl aussieht, während sie in den nächtlichen Stunden zu einer hohen Säule auswächst, die eine schöne Krone mit Tentakeln trägt. Vorsicht, die Nesseln bekommt auch der Mensch zu spüren! Manche Aktinien leben in Symbiose mit kleinen Krustentieren und sogar mit einigen Fischen, die gegen ihr Gift immun sind. Die **Schmuck–anemone** ist trotz ihres Namens nicht eigentlich eine Aktinie, sondern gehört der Familie der Corallimorphariidae an. Sie lebt vorzugsweise auf tief liegenden Relikten und entfaltet herrliche Farben, von denen die schönste eine intensive Fuchsienfarbe ist.

145

144

142

143

146

147

148

149

150

151

146, 147 - Sternkoralle 2 cm
(Astroides calycularis)

148 - Warzenkoralle 1 cm
(Balanophyllia europaea)

149 - Gelbe Steinkoralle 2 cm
(Leptopsammia pruvoti)

150 - Rasenkoralle 12 cm
(Cladocora cespitosa)

151 - Ovale Nelkenkoralle 1 cm
(Caryophyllia smithii)

MADREPOREN oder STEINKORALLEN (Anthozoen – ***Hexakorallier***)

Die Verbreitung der mediterranen Steinkorallen ist im Vergleich zu der riesigen Vielfalt der tropischen Spezies verschwindend gering. In unseren Meeren leben Steinkorallen meist solitär, das heißt sie bestehen aus einem einzigen Polypen, und nur wenige Spezies, wie die **Rasenkoralle** *(Cladocora cespitosa)* und die **Sternkoralle** *(Astroides calycularis)* bilden Kolonien, die einigermaßen ausgedehnte Gebiete bedecken. Insbesondere Letztere mit ihrer schönen leuchtenden Orangefarbe siedelt in schattigen Zonen an seichten Stellen und Felsen der südlichen Inseln, wo sie oft eine herrliche Unterwasserkulisse entstehen lässt. Weit verbreitet ist hingegen, auch in den nördlichen Becken, die gelbe **Steinkoralle** *(Leptopsammia pruvoti)*, die wie ein gelber Knopf aussieht, wenn die Tentakeln eingezogen sind. Manchmal wachsen die Madreporen so dicht nebeneinander, dass sie ganze Grottenwände mit einem gelben Teppich überziehen.

Krustenanemone, Schwarze Koralle, Zylinderrose (Anthozoen – *Hexakorallier)*

153

Krustenanemonen *(Parazoanthus axinellae)* sind Organismen, die in Kolonien leben und große Felsabschnitte bedecken, auch in geringerer Tiefe und möglichst geschützt vor direktem Sonnenlicht. Die einzelnen Polypen haben einen langen einziehbaren Stamm und ein Tentakelbüschel rund um die Mundöffnung. Die Färbung ist leuchtend gelb.
Die gleiche Farbe besitzt auch die *Gerardia savaglia* oder **Strauchkoralle.** Wie der Name besagt, hat sie eine strauchartige schwarze Struktur. Der gelbe Teil enthält die Polypen, deren Grundmasse Coenosark genannt wird. Diese Koralle hat keinen Handelswert, wächst nur in beachtlichen Tiefen und ist im Übrigen recht selten. Die eigentliche **Schwarze Koralle** *(Antipathes subpinnata)* bekommt der Taucher gewöhnlich kaum zu Gesicht, da sie weit unter der Tiefengrenze für Sporttaucher lebt, das heißt im Allgemeinen in Tiefen über 50 oder 60 Meter. Sie gleicht einer weißen Feder und besitzt ein schwarzes, elastisches und kompaktes Hornskelett. Die **Zylinderrose** ist eine der gängigsten Anthozoen, die sehr häufig auf schlammigen Meeresböden anzutreffen ist. Der bis zu einem Meter lange Körper ist mit dem Substrat verwachsen, aus dem eine membranartige Röhre ausgeht, in deren Innerem ein doppelter Tentakelkranz steckt. Die Färbung dieser Fangarme reicht von schneeweiß über sämtliche Schattierungen bis dunkelbraun. Die Zylinderrose wird von Aquarienfreunden sehr geschätzt, weil sie sich dem Leben im Aquarium gut anpasst.

152, 153, 155 - Gelbe Krustenanemone 3 cm *(Parazoanthus axinellae)*

154 - Strauchkoralle 70 cm *(Gerardia savaglia)*

154

155

156

157

156 - Strauchkoralle 70 cm *(Gerardia savaglia)*

157 - Schwarze Koralle 40 cm
(Antipathes subpinnata)

158, 159, 160, 161 - Zylinderrose 12 cm
(Cerianthus membranaceus)

158

159
161
160

163

164

162, 163 - Feuerwurm 25 cm
(Hermodice carunculata)

164 - Kleiner Kalkröhrenwurm (tentakeln) 2.5 cm *(Serpula vermicularis)*

WÜRMER – Polychäten – **Echiuridae**

Dieser Kategorie gehören mehrere tausend Spezies an, die sich in zwei Hauptgruppen gliedern lassen: bewegliche und festsitzende Formen. Aus der ersteren Gruppe stößt man, zumindest in südlicheren Gewässern, häufig auf den **Feuerwurm**, der sich vorwiegend von toten Tieren ernährt. Er hat ganz feine Borsten, die wie Glasnadeln aussehen und bei Berührung mit der Haut brennenden Schmerz verursachen. Die festsitzenden Spezies leben eingegraben im Substrat und zeigen sich meist nur mit einem weiten Kranz gefederter Tentakeln (Kiemenbüschel), die aus einem Röhrchen heraustreten.
Sehr bekannt ist die Gattung Spirographis, eine Art **Schraubensabelle**, deren Tentakelkrone fußballgroß werden kann. Den **Fächerröhrenwurm** dagegen erkennt man an der dunkelbraunen doppelten Kiemenkrone. Der **Pfauenfederwurm** ist kleiner als die Schraubensabelle und kann sich zu regelrechten weißen Korollenteppichen auswachsen. Der

165

Kleine Kalkröhrenwurm *(Protula)* und der **Glatte Kalkröhrenwurm** *(Serpula)* haben münzengroße Tentakeln, die sich in eine Kalkröhre zurückziehen. Der Filigrane Röhrenwurm bildet große Kolonien schneeweißer Kalkröhrchen, die man häufig an ausgedienten Netzen oder an Gorgonien aufgehängt beobachten kann. Der **Igelwurm** *(Bonellia)* hat einen im Sediment verborgenen kleinen Körper und einen langen T-förmig endenden Rüssel, den er auf dem Meeresboden ausstreckt und mit dem er auf Nahrungssuche geht.

165 - Kleiner Kalkröhrenwurm 2.5 cm *(Serpula vermicularis)*
166 - Glatter Kalkröhrenwurm 3 cm *(Protula tubularia)*
167 - Fächerröhrenwurm 15 cm *(Bispira volutacornis)*
168 - Schraubensabelle 30 cm *(Sabella spallanzani)*
169 - Pfauenfederwurm 10 cm *(Sabella pavonina)*

166

167

168

169

171

172

173

WEICHTIERE (Mollusken)

Weichtiere oder Mollusken stellen seit dem Altertum eine wichtige Nahrungsquelle für den Menschen dar und werden ständig gefischt und gezüchtet. In diese Gruppe fallen ganz unterschiedliche Tiere, wie Muscheln, Nacktschnecken (Nudibranchia), Tintenfische und Sepien, die auf den ersten Blick recht wenig gemeinsam zu haben scheinen, in Wirklichkeit aber sehr ähnliche Merkmale aufweisen, vor allem die Tatsache, dass sie einen weichen Körper haben, wie schon der Name besagt.

Muscheln und Schnecken (Gastropoden – ***Prosobranchia* oder Vorderkiemer**)

Die Form dieser durch eine Schale geschützten Weichtiere gleicht sehr häufig dem typischen Schneckenhaus, doch gibt es auch spartanischere Behausungen, wie das „Dach" der **Napfschnecke**, das glänzende, sehr begehrte Gehäuse der **Porzellanschnecke** oder das (innen) perlmuttern glänzende Gehäuse des **Seeohrs**. Es gibt Pflanzen fressende und Fleisch fressende Vorderkiemer. Alle Mollusken, die eine schneckenförmige Schale haben, verfügen über einen Kiemendeckel, eine regelrechte Haustür, mit der das Gehäuse hermetisch und sicher verschlossen wird. Die Fleisch fressenden Prosobranchia besitzen jedoch eine Geheimwaffe, mit der sie die Bewohner von Muscheln verschlingen, ein Radula genanntes, feines Organ, das einer Fräse ähnelt und in der Lage ist, die Schale der Beute zu durchbohren. Unter den Mittelmeerarten, die in den vergangenen Jahrhunderten Handelswert besaßen, sind vor allem die Purpurschnecken zu nennen, insofern als diese Mollusken einen **Farbstoff** absondern, das **Purpur**, das zum Färben kostbarer Stoffe verwendet wurde.

170 - Schraubensabelle 30 cm *(Sabella spallanzani)*

171 - Gewöhnliche Napfschnecke 3 cm *(Patella coerulea)*

172 - Seeohr 5 cm *(Haliotis tuberculata lamellosa)*

173 - Knotige Helmschnecke 7 cm *(Phalium granulatum)*

174 - Gewöhnliche Hornschnecke 5 cm *(Cerithium vulgatum)*

175 - Kreiselschnecke 4 cm *(Bolma rugosa)*

175

174

176

177

179

176 - Braune Kauri 4 cm *(Luria lurida)*

177 - Purpurschnecke 7 cm *(Hexaplex trunculus)*

178 - *Stramonita haemastoma* 5 cm

179 - Brandhorn 7 cm *(Bolinus brandaris)*

178

180 - Marmorierter Seehase 25 cm *(Aplysia depilans)*

181 - Bemalte Sternschnecke 10 cm *(Hypselodoris picta)*

182 - Rote Flabellina 2.5 cm *(Flabellina ischitana)*

181

180

NUDIBRANCHIA (Gastropoden ***Opisthobranchia***)

Diese wunderschönen Weichtiere gehören zu den beliebtesten Entdeckungen der Taucher und werden dementsprechend „gejagt", zum Glück nur zum Fotografieren. Tatsächlich haben sie faszinierende Formen und Farben, die mit der besonderen physischen Beschaffenheit des Meeresbodens zusammenhängen. Wie der Name schon verrät, sind diese Schnecken nackt

182

183

und haben kein Gehäuse. Um nicht unverzüglich verschlungen zu werden, haben sie ein kompliziertes Verteidigungssystem ausgearbeitet, das auf einer nesselnden, abstoßenden oder für Räuber unappetitlichen Wirkung beruht. Aus diesem Grund brauchen sie sich nicht zu verstecken und benutzen im Gegenteil ihre leuchtende Farbe, um eventuelle Raubtiere zu warnen. Die klassische Form der Nacktschnecken gleicht der einer Landschnecke, aber es gibt viele Ausnahmen, etwa die sog. **„Meereskuh"**, die wie ein kleiner Vulkankrater aussieht, oder den **Seehasen,** der in Wirklichkeit nur ein Vetter der Nacktschnecken ist, da er in der Lage ist, mit rhythmischen Wellenbewegungen des Körpers zu schwimmen.

183 - Violette Flabellina 3 cm *(Flabellina affinis)*
184 - *Dondice banyulensis* 6 cm
185 - Weiße Flabellina 3 cm *(Flabellina babai)*
186 - Wander-Fadenschnecke *(Cratena peregrina)*

184

185

186

187

188

191

190

182

Bivalvien

Bei den Bivalvien wird das Weichtier durch zwei getrennte, mit Scharnier verbundene Schalenklappen geschützt. Das Tier ist fest mit dem Inneren der Schalen verwachsen, die es durch Betätigen starker Beugemuskeln schließen kann. Doch gibt es auch zahlreiche Feinde, die in der Lage sind, diese Muscheln zu öffnen. Tintenfische und Seesterne zum Beispiel brechen die Schalen mit Gewalt auf; Oraden, Feuerflundern und Schweinsfische zertrümmern die Schale mit ihren kräftigen Kiefern; Gastropoden und Opisthobranchia durchbohren die Kalkschale mit der Radula. Fast alle Bivalvien ernähren sich durch Filtern des Wassers, wodurch die Nährpartikel zurückbleiben. Sie legen riesige Mengen Eier ab, von denen nur wenige das Erwachsenenstadium erreichen. Die wunderschöne **Steckmuschel** (*Pinna*) ist die größte zweischalige Muschel des Mittelmeers, die nicht selten einen Meter lang wird. Die **Flügelauster** hingegen lebt auf roten Gorgonien und nutzt die Entfernung vom Untergrund, um der Strömung näher zu sein.

187 - Große Steckmuschel 50 cm *(Pinna nobilis)*

188 - Vogelmuschel 6 cm *(Pteria hirundo)*

189 - Arche Noah 6 cm *(Arca noae)*

190 - Braunmuschel 8 cm *(Spondylus gaederopus)*

191 - Jakobsmuschel 9 cm *(Pecten jacobeus)*

192

193

Kopffüßer

Die Beobachtung dieser Tiere unter Wasser ist immer ein starkes Erlebnis, da sie außergewöhnlich intelligent sind, besonders der Krake oder Tintenfisch, der unter den Invertebraten einen Höchstgrad an Intelligenz erreicht. Die ausdrucksstarken Augen, die wie Hände benutzten Fangarme, die Fähigkeit, durch Färbung den Seelenzustand zu zeigen, sowie eine lebhafte Neugierde sind alles Eigenschaften, die den Tintenfisch zu einem sympathischen Meeresbewohner machen, der irgendwie Ähnlichkeit mit uns Menschen hat. Krakenfleisch schmeckt vorzüglich, auf das es Muränen, Zackenbarsche und zahlreiche andere Raubfische besonders abgesehen haben. So hat es der **Krake** nicht leicht unter Wasser und muss sich in enge und gut getarnte Höhlen verkriechen. Sein Mund ist mit einem kräftigen Hornschnabel ausgestattet, mit dem er in der Lage ist, den Panzer der Krustentiere, ihrer Lieblingsspeise, zu zerbrechen. Das Krakenweibchen ist eine Gattung für sich, hat eine längliche Form und eine rötliche Farbe mit weißen Flecken.
Kopffüßer haben bekanntlich die Fähigkeit, blitzschnell die Farbe ihres Mantels zu wechseln, um sich vollkommen dem Meeresboden anzupassen, und die Möglichkeit, Tinte zu verspritzen, eine wasserunlösliche Substanz, mit der sie Räuber in die Flucht schlagen.
Kraken haben acht Fangarme, Sepien und Kalmare zehn.

194

Die Intelligenz der Kraken

Unter den Wirbellosen Tieren zeichnet sich der Krake durch eine lebhafte und in gewissem Sinn erstaunliche Intelligenz aus, die dieses Meerestier zweifellos über die anderen Bewohner der Küstengewässer hinaushebt. Der Krake ist in der Lage, sich eines Werkzeugs zu bedienen, etwa um eine Muschelschale aufzubrechen. Mit einem Fangarm greift er ein Steinchen und nähert sich behutsam dem Weichtier, das nichts ahnend mit den leicht geöffneten Schalen das Wasser filtert. Blitzschnell schiebt der Krake das Steinchen zwischen die Schalen, die sich jetzt nicht mehr schließen können. Der Rest ist ein Kinderspiel: Der Krake bricht die Schalen auf und verschlingt das Weichtier. Um das Denkvermögen des Kraken zu testen, hat man eine Languste, die er liebend gerne frisst, in ein Glas gesteckt, das mit einem Korken versehen war, und das Glas in die Nähe einer Krakenhöhle gestellt. Sofort stürzte sich der Krake darauf und versuchte, die Languste zu packen, machte dabei aber das erste Mal in seinem Leben Bekanntschaft mit einem Glas. Innerhalb weniger Minuten hatte er begriffen, wie der unbekannte Gegenstand beschaffen war, bemerkte den Stopfen, ließ ihn mit einem Fangarm herausspringen und labte sich an der wohl verdienten Mahlzeit. Das Leben eines Kraken ist sehr kurz. Nur selten werden sie älter als zwei Jahre. „Zum Glück", meinte Cousteau dazu, „andernfalls hätten sie mit dieser Intelligenz bereits die Welt erobert!"

192, 193, 194 - Gewöhnlicher Krake
40 cm *(Octopus vulgaris)*

195

195 - Gewöhnlicher Krake 40 cm *(Octopus vulgaris)*

196 - Krakeneier

197, 198 - Langarmiger Krake 40 cm *(Octopus macropus)*

196

197

198

199

203

200

199, 203 - Gemeine Sepia 15 cm *(Sepia officinalis)*

200 - Gemeiner Kalmar 18 cm *(Loligo vulgaris)*

201 - Kalmareneier

202 - Kleine Sepia 2 cm *(Sepiola rondeleti)*

201

202

204

205

204, 205, 206 - Europäische Languste 40 cm *(Palinurus elephas)*

KRUSTENTIERE

Krusten- oder Krebstiere sind so etwas wie die gepanzerten Truppen des Meeres. Ein harter Panzer schützt das Tier wirksam gegen Feinde. Dieser Panzer wächst jedoch nicht mit und muss deshalb einmal im Jahr ersetzt werden, ein Phänomen, das Muta oder Häutung genannt wird. Dies ist ein heikler Moment im Leben des Krebstieres, das aus seinem alten Gehäuse herausschlüpfen muss und somit einige Stunden oder

206

207

207, 208 - Europäischer Hummer 45 cm *(Homarus gammarus)*

einen Tag lang den Raubtieren ausgesetzt ist, bis der neue Panzer sich gefestigt hat. Viele Gattungen sind mit kräftigen Scheren ausgestattet, die sie sowohl als Allzweck-Werkzeuge wie auch als Verteidigungswaffe benutzen. Die Scheren haben unterschiedliche Formen. Die rechte Schere ist schwerer und dient zum Knacken und Aufbrechen, während die linke kleinere Greifschere zum Zerschneiden der Beute verwendet wird. Die Reproduktion erfolgt fast immer geschlechtlich. Die Weibchen tragen die Eier gut sichtbar unter dem Bauch und verteidigen sie bis zum Schlüpfen gegen jede Gefahr. Krebse haben oft Stielaugen mit hervorragender Einstellung, die an die der Vertrebraten erinnert. Einsiedlerkrebse müssen ihren weichen und verletzlichen Bauch durch eine Muschel schützen, die sie auf dem Meeresboden finden, insofern als sie nicht in der Lage sind, diese selbst zu produzieren. Diese Muschel muss während der Wachstumsphase regelmäßig ersetzt werden.
Zu den Krustentieren (**Rankenfüßer**) gehören auch die **Meereicheln**, kleine Kalkkegel mit scharfem Rand, mit denen die Felsen knapp unter der Wasseroberfläche überzogen sind. Ein hermetisches Türchen erlaubt dem Tier, einen bestimmten Wasservorrat zu horten und somit auch extrem lange Zeiten auf dem Trockenen auszuharren.

208

209

210

209 - Großer Bärenkrebs 30 cm *(Scyllarides latus)*

210 - Kleiner Bärenkrebs 9 cm *(Scyllarus arctus)*

211 - Blaustreifen-Springkrebs 15 cm *(Galatea strigosa)*

212 - Große Seespinne 15 cm *(Maja squinado)*

213 - Kleine Seespinne 6 cm *(Maja crispata)*

214 - Gelbe Krabbe 10 cm *(Eriphia verrucosa)*

215 - Sandkrabbe 12 cm *(Calappa granulata)*

216 - Wollkrabbe 10 cm *(Dromia personata)*

217 - Rennkrabbe 8 cm *(Pachygrapsus marmoratus)*

211

212

213

217

214

216

215

218

219

224

220

223

218 - Großer Roter Einsiedlerkrebs 8 cm *(Dardanus calidus)*

219 - Scherengarnele 8 cm *(Stenopus spinosus)*

220 - Große Felsgarnele 8 cm *(Palaemon serratus)*

221 - Kerb-Seepocke 1.5 cm *(Balanus perforatus)*

222 - Hundszahnkoralle *(Chtamalus stellatus)* 0.5 cm

223 - Lismata 8 cm *(Lismata seticaudata)*

224 - Einhorngarnele 10 cm *(Plesionika narval)*

225 - Gepunktete Garnele 3.5 cm *(Gnatophyllum elegans)*

222

221

226

MOOSTIERCHEN (BRYOZOEN)

Viele Bryozoen oder Moostierchen werden von Tauchern allgemein „falsche Korallen" genannt, ein Name, der eigentlich nur der Gattung *Myriapora truncata* zukäme. Die Kalkstruktur ist nicht so kompakt wie bei der Koralle; die Trugkoralle ist zerbrechlich und zerbröckelt schnell, und auch die schöne orangene Farbe verblasst recht schnell, sobald sie mit Luft in Berührung kommt. Somit haben sie keinerlei Handelswert. All diese Organismen leben in Kolonien, die aus vielen einzelnen Lebewesen bestehen, den Zooiden; diese sind mit einer Tentakelkrone ausgestattet, die dazu dient, die Nahrungspartikel dem Mund zuzuführen. Das Wachstum der Bryozoen erfolgt sehr schnell. Sie klammern sich an Gorgonien, Relikten und ausgedienten Netzen fest, insofern als die im Vergleich zum Meeresboden höhere Lage die Nahrungsfindung erleichtert. Die schönste Gattung im Mittelmeer ist der **Neptunsschleier**, der wie zartes Spitzengewebe anmutet und herrliche rosafarbene Kolonien bildet.

226 - Trugkoralle 8 cm
(Myriapora truncata)

227 - Blättriges Moostierchen 8 cm
(Pentapora fascialis)

228 - Geweihkoralle 5 cm
(Smittina cervicornis)

229 - Neptunsschleier 10 cm
(Sertella septentrionalis)

227

228

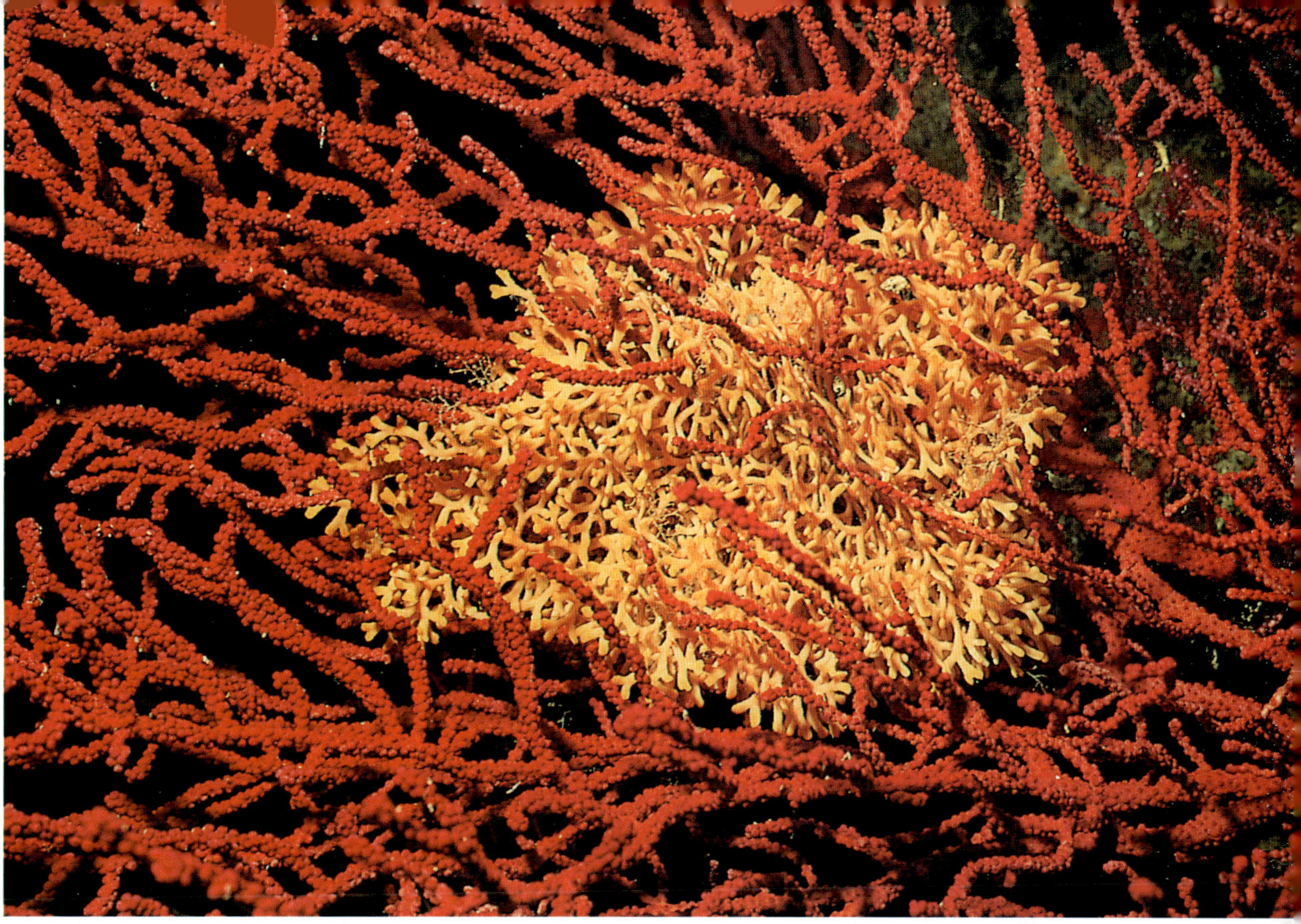

229

STACHELHÄUTER (Echinodermen)

Diesem *Phylum* gehören Organismen mit unterschiedlichster Gestalt an, sodass man kaum glauben kann, dass sie irgendetwas gemeinsam haben, wie zum Beispiel, Seesterne, Seeigel und Seegurken. Und dennoch weisen alle diese Tiere eine Pentaradialsymmetrie auf, die bei Seesternen ganz deutlich zu erkennen, aber auch auf dem Skelett der Seeigel „gezeichnet" ist. Ein weiteres gemeinsames Merkmal ist das Vorhandensein subkutaner Kalkplättchen, die bei einigen Spezies, wie bei den Seeigeln, ein regelrechtes Gehäuse bilden. Sehr interessant ist das Wassersystem, das aus einer Kombination von Kanälen, Ampullen und Ambulakralfüßchen besteht, mit denen sich das Tier fortbewegen kann; außerdem verfügt es über viele äußerst nützliche Saugfüßchen. Stachelhäuter sind getrennt geschlechtliche Tiere, und die Befruchtung erfolgt äußerlich, auch wenn Zwitter keine Seltenheit sind.

230

231

230, 231 - Mittelmeer-Haarstern 15 cm *(Antedon mediterranea)*

Haarsterne

Haarsterne, auch Meerlilien genannt, sind im Mittelmeer nicht annähernd so verbreitet, artenreich und bunt wie in den tropischen Meeren. Die einzige Gattung, die man hier einigermaßen häufig antrifft, ist der Mittelmeer-Haarstern oder Antedon mediterranea mit einem kleinen kelchförmigen Körper in der Mitte; die dort befindliche Mundöffnung ist von einer Reihe langer Arme umgeben, die mit seitlichen Fiedern, sog. Pinnulae, ausgestattet sind. An der Unterseite des Körpers befinden sich Cirren, mit denen der Stern sich am Substrat festklammert. Die Färbung ist variabel: gelb, rot, weiß, braun und orange.

Seegurken (*Holothuriae*)

Seegurken sind Stachelhäuter mit undefinierbarer länglicher Form, die auf dem Meeresgrund kriechen und auf der Suche nach Nahrungspartikeln große Mengen Sand und Schlamm verschlucken. Werden sie dabei gestört, haben sie die Möglichkeit, aus dem Darm die sog. Couvierschen Schläuche auszustoßen, eine Masse klebriger Fäden, die sich bei Berührung mit dem Wasser verhärten und als Abwehrmittel dienen. In Asien werden Seegurken für den Handel gefangen, gekocht und in der Sonne getrocknet. Als *Trepang* zubereitet gelten sie als Spezialität der chinesischen Küche.

232

232 - Röhrenseegurke 25 cm *(Holoturia tubulosa)*

233 - Variable Seegurke 25 cm *(Holoturia forskali)*

234 - Weißspitzen-Seegurke 20 cm *(Holoturia polii)*

234

233

235

236

235, 236 - Roter Seestern 18 cm
(Echinaster sepositus)

237 - Purpurroter Seestern 35 cm
(Ophidiaster ophidianus)

Seesterne

Das schöne Aussehen und die oft leuchtenden Farben dürfen nicht darüber hinwegtäuschen, dass es sich bei vielen Gattungen um gefürchtete Räuber handelt, die sich gierig auf Krustentiere, Mollusken und sogar Seeigel stürzen. Da der Körper (die Arme ausgenommen) relativ klein ist, haben sie eine Strategie erfunden, um sich auch von großen Beutetieren ernähren zu können. Nachdem sie die Beute mit ihren Ambulakralfüßchen blockiert haben, stülpen sie den Magen nach außen, der das gefangene Tier einhüllt und mit den Magensäften langsam auflöst. Auch Seesterne besitzen, wie alle Stachelhäuter, eine Art Skelett, das aus Kalkplättchen besteht, wobei die verbindenden Muskelfasern dem Körper Elastizität verleihen. Seesterne haben ein außerordentliches Regenerationsvermögen (siehe Sonderteil).

238

238, 243 - Junges Exemplar des Roten Seesterns 18 cm *(Echinaster sepositus)*

239 - Purpurroter Seestern 35 cm *(Ophidiaster ophidianus)*

240, 241 - Orangefarbener Seestern 25 cm *(Hacelia attenuata)*

239

240
241

242

246

245

244

Regeneration der Seestern-Arme

Viele Seesterne besitzen ein außergewöhnliches Regenerationsvermögen, wenn ein Arm beim Kampf verloren geht oder aus extremen Verteidigungsgründen eine Selbstamputation erfolgt. Innerhalb kurzer Zeit produziert der Seestern einen neuen Arm, der sich anfangs von den anderen aufgrund seiner geringeren Länge unterscheidet. Im Verlauf von einigen Wochen ist der Arm jedoch schon ausgewachsen und der Stern erstrahlt wieder in seinem ursprünglichen Glanz. Was aber geschieht mit dem amputierten Arm? In einigen Fällen kann man ein Phänomen beobachten, das an ein Wunder grenzt. An den Stümmel-Enden bilden sich vier weitere kleine Arme, die sich zu einem mit sämtlichen Organen ausgestatteten, neuen Stern entwickeln. Dieses System ist so wirksam, dass einige Gattungen gelegentlich davon Gebrauch machen, um sich ungeschlechtlich, durch Teilung, fortzupflanzen. Von den Seesternen im Mittelmeer ist – was die Regeneration betrifft – der gemeine Rote Seestern (Echinaster sepositus) wohl das beste Beispiel. Häufig kann man ihn mit einem Arm in der Regenerationsphase beobachten, und nicht selten weist er anstatt der typischen 5 Arme 6, 7 oder sogar 8 auf (Foto 236).

242, 244, 245, 246 - Großer Kammseestern 40 cm
(Astropecten aranciacus)

243

247

248

247 - Dornenseestern 10 cm *(Coscinasterias tenuispina)*

248 - Schlangenstern 20 cm *(Chaetaster longipes)*

249 - Fünfeckstern 4 cm *(Asterina gibbosa)*

250 - Fünfeckiger Seestern 12 cm *(Peltaster placenta)*

251 - Eisseestern 40 cm *(Marthasterias glacialis)*

251

250

249

252

253

254

Schlangensterne

Ophiurae oder Schlangensterne haben einen flachen Mittelkörper, von dem fünf sehr dünne und bewegliche Arme ausgehen. Sie sind lichtscheu und lassen sich kaum blicken, da sie oft unter Steinen und in Felsspalten leben. Ein besonderer Stern ist das selten vorkommende **Gorgonenhaupt,** dessen Arme zahlreiche spinnennetzartige Verzweigungen aufweisen, die tagsüber zu einer Kugel eingerollt und in den Nachtstunden in ihrer ganzen Reichweite ausgestreckt sind, wenn der Stern auf einer Gorgonie oder einem Schwamm hochklettert, um Plankton einzufangen.

252 - Gorgonenhaupt 15 cm *(Astrospartus mediterraneus)*

253 - Glatter Schlangenstern 15 cm *(Ophioderma longicaudum)*

254 - Zerbrechlicher Schlangenstern 10 cm *(Ophiotrix fragilis)*

255 - Schwarzer Seeigel (oder Männchen) 9 cm (*Arbacia lixula*)

256 - Steinseeigel (oder Weibchen) 9 cm (*Paracentrotus lividus*)

257 - Violetter Seeigel 11 cm (*Sphaerechinus granularis*)

Seeigel

Seeigel sind bei Badenden nicht sehr beliebt, da der Kontakt mit diesen Tieren Brennen verursacht. Seeigel sind Stachelhäuter, die mit einem kräftigen Kalkskelett ausgerüstet sind. Dieses ist je nach Gattung mit mehr oder weniger langen und mehr oder weniger spitzen Stacheln besetzt. Seeigel sind mit einem komplizierten Ambulakralsystem ausgestattet, und die Verankerung auf dem Boden erfolgt durch bewegliche Pedizellarien, die mit Saugnäpfen versehen sind. Die Mundöffnung

257

258

262

261

260

liegt auf der Unterseite; fünf kräftige Zähne dienen dazu, die Algen, von denen sie sich ernähren, vom Substrat abzukratzen. Seeigel sind getrennt geschlechtlich, wobei die Bezeichnung, die allgemein für das Männchen oder den **Schwarzen Seeigel** (*Arbacia lixula*) und für das Weibchen oder den **Steinseeigel** (*Paracentrotus lividus*) verwendet wird, irreführend ist, denn es handelt sich um unterschiedliche Gattungen, die beide sowohl männliche als auch weibliche Exemplare aufweisen. Die dunkelbraun bis organgefarbenen Gonaden des Steinseeigels werden von Gourmets sehr geschätzt.

So genannte **Irreguläre Seeigel** leben auf Sandböden. Sie haben einen flachen unregelmäßigen Körper mit extrem kurzen Stacheln und graben sich in den Sand ein, wo sie sich von Detritusrückständen ernähren.

258 - Diademseeigel 20 cm *(Centrostephanus longispinus)*

259 - Violetter Seeigel 11 cm *(Sphaerechinus granularis)*

260 - Grauer Herzigel 7 cm *(Brissus unicolor)*

261 - Kleiner Lanzenseeigel 12 cm *(Stylocidaris affinis)*

262 - Melonenseeigel 12 cm *(Echinius melo)*

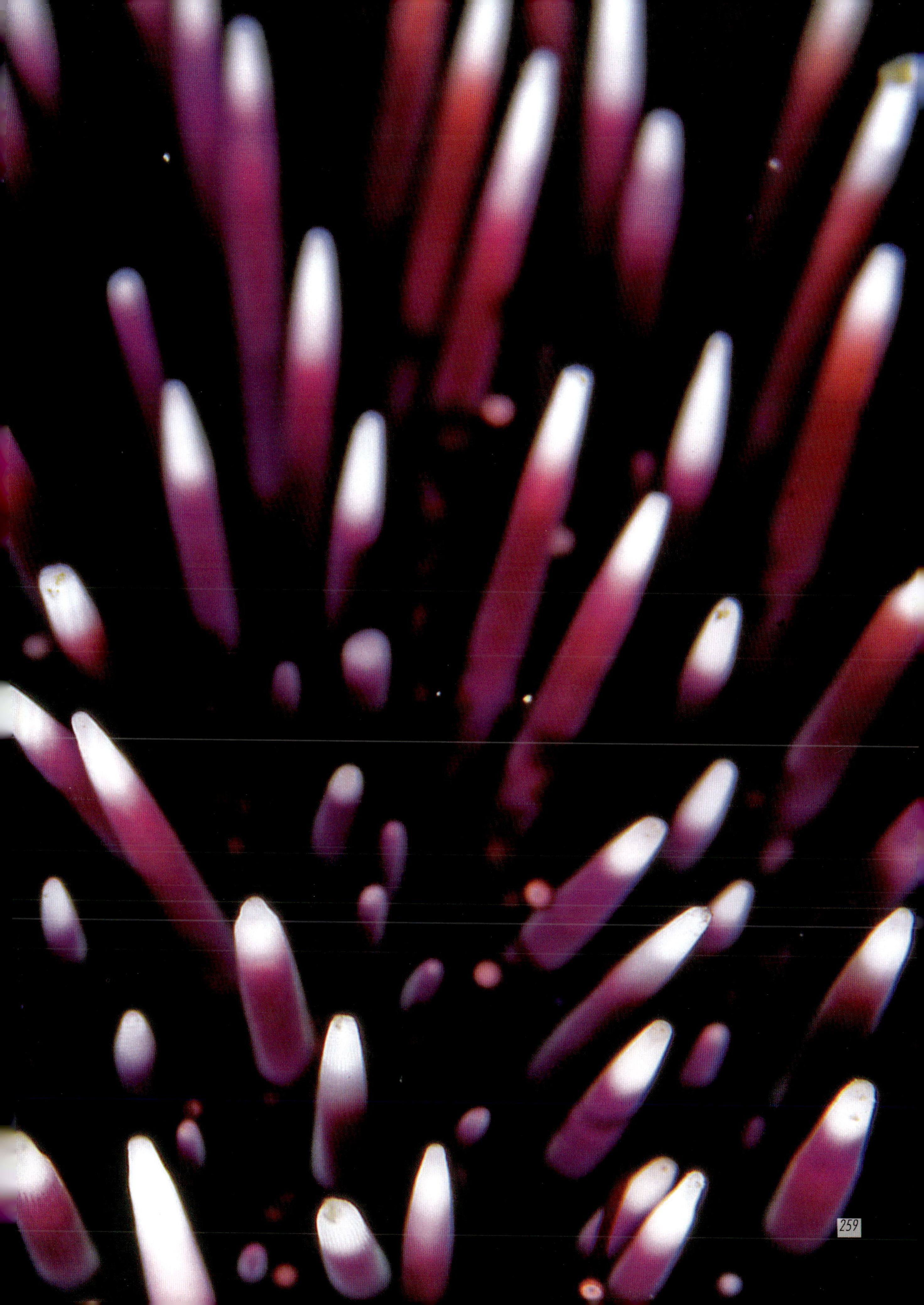

263

264

Seescheiden (Aszidien)
MANTELTIERE (TUNICATEN)

Seescheiden sind rein optisch sehr einfache Organismen, die unter den Invertebraten jedoch an der Spitze der Entwicklungsstufe stehen, da sie in der Larvenphase mit einem rückgratähnlichen Stab (*Chorda*) ausgestattet sind.
Sie leben sowohl solitär als auch in Kolonien. Die Form der Tiere gleicht einem kleinen Sack, der am Grund befestigt und mit zwei Öffnungen (*Siphone*) versehen ist, eine Einströmöffnung für die Aufnahme des Wassers und eine Ausströmöffnung, durch die das Wasser ausfließt, wenn es das Tier mit Sauerstoff versorgt und die Partikel abgegeben hat, die es als Nahrung braucht. Formen und Farben sind sehr unterschiedlich bei den einzelnen Spezies, von der Durchscheinenden **Seescheide** bis zur ockergelben **Harten Seescheide**.
Sog. **„Meereszitronen"** (*Violets*) werden im Süden Frankreichs für den Handel gefischt. Ihr gelbes bis leuchtend organgenes Innere gilt als provenzalische Delikatesse.

263 - Schlauchförmige Seescheide 4 cm. *(Clavelina lepadiformis)*

264 - Weiße Seescheide 12 cm. *(Phallusia mamillata)*

265 - Rote Seescheide 9 cm. *(Halocinthya papillosa)*

266 - Mikrokosmos Seescheide 10 cm. *(Microcosmus vulgaris)*

266

Meeresgespenster

Manchmal kann man im Meer ganz seltsame Lebensformen beobachten. Sie sind transparent und oft so hauchzart und zerbrechlich, dass schon eine bloße Handbewegung sie im Nu zerstören kann. Aus der Nähe beobachtet, zeigen diese Organismen zuweilen einen ganz simplen Aufbau, wie kleine durchscheinende Säckchen, dann wieder sehen sie sehr kompliziert aus, etwa wie phantastische fliegende Gebilde, voll besetzt mit Tentakeln und Fransen, oder aber abgeflachte Bänderformen, lange Röhren oder aus Einzelwesen bestehende Ketten. Vom wissenschaftlichen Standpunkt aus handelt es sich um Lebewesen, die verschiedenen Kategorien angehören: Rippenquallen (Ktenophoren), Röhrenquallen (Siphonophoren) und Salpen (Thaliaceae). Manchmal handelt es sich auch um schwer bestimmbare Larvenformen. Die beste Zeit für die Beobachtung dieser Organismen ist das Frühjahr, vor allem, wenn die Strömung oder Wellenbewegung sie in Buchten und geschützte Stellen treibt, wo das Tauchen zu einer Art fantastischen Raumfahrt in mysteriöse Galaxien wird.

267 - Seestachelbeere 7 cm (*Leucothea multicornis*)

268 - Rotgepunktete Staatsqualle 70 cm *(Forskalia edwardsi)*

269 - Venusgürtel 80 cm *(Cestus veneris)*

270 - *Bolinopsis sp.* 6 cm

271 - Kettensalpe - Einzelwesen - 4 cm *(Salpa sp.)*

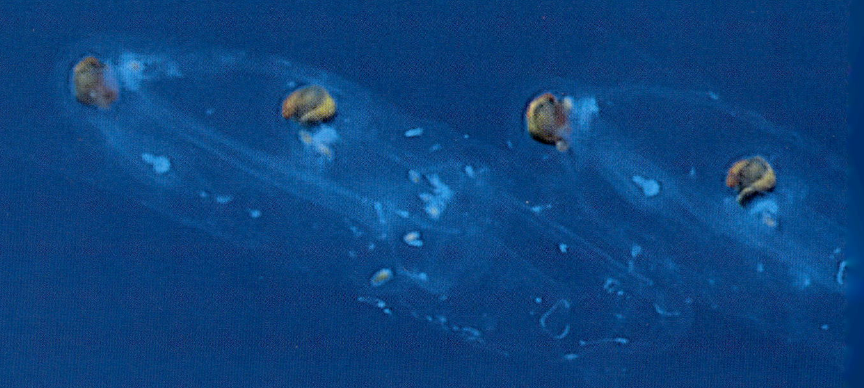

267

268

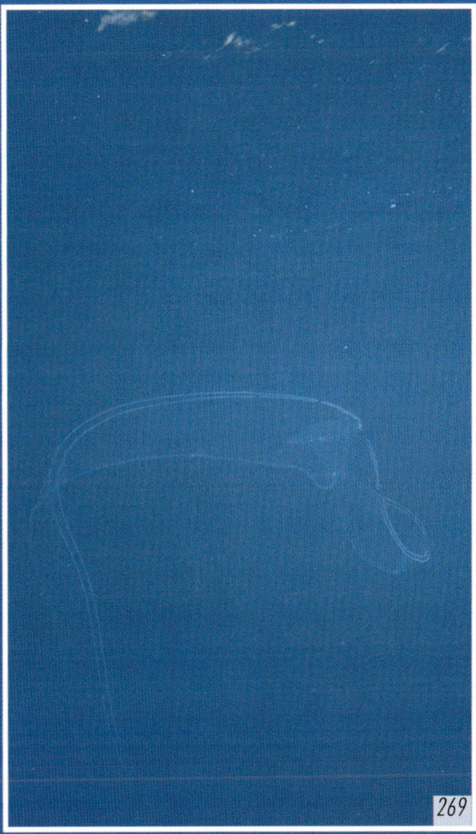
269

271

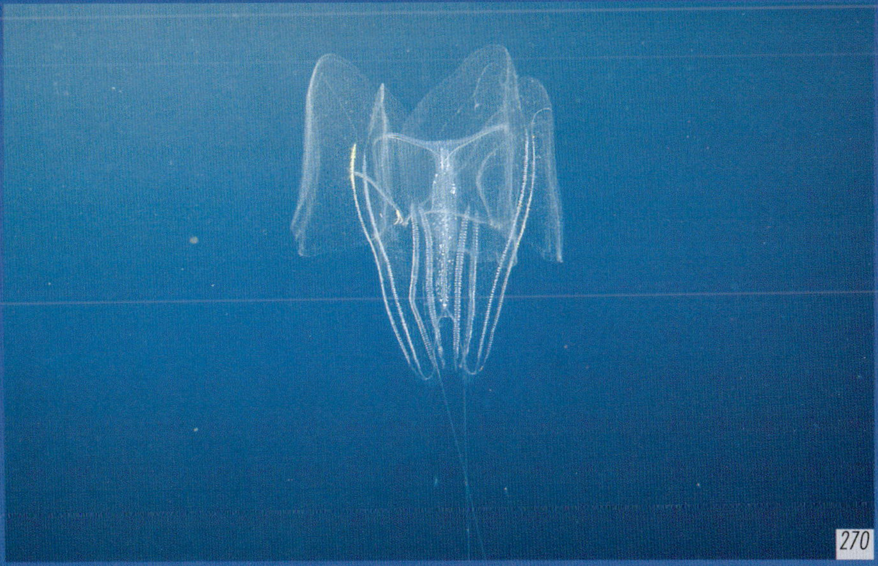
270

Unterwasserfotografie

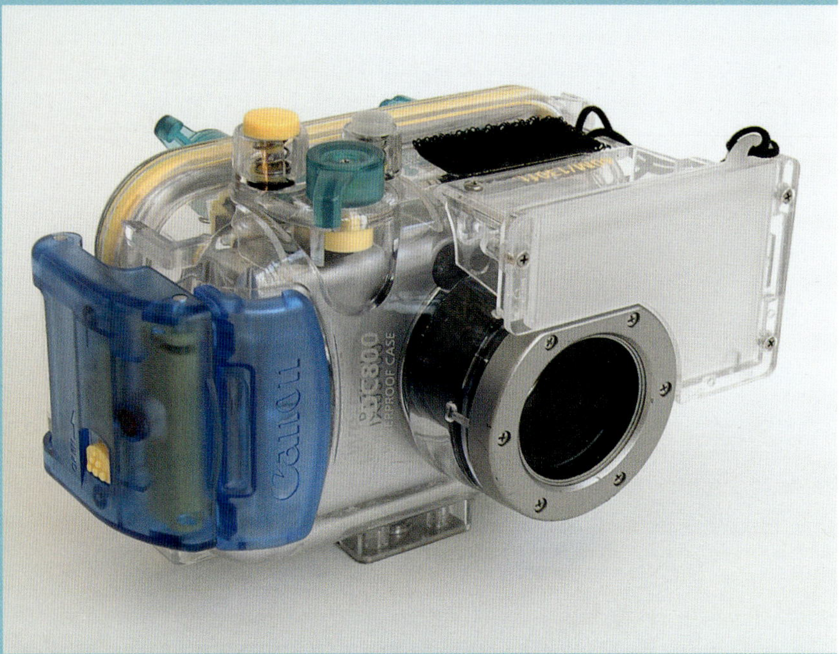

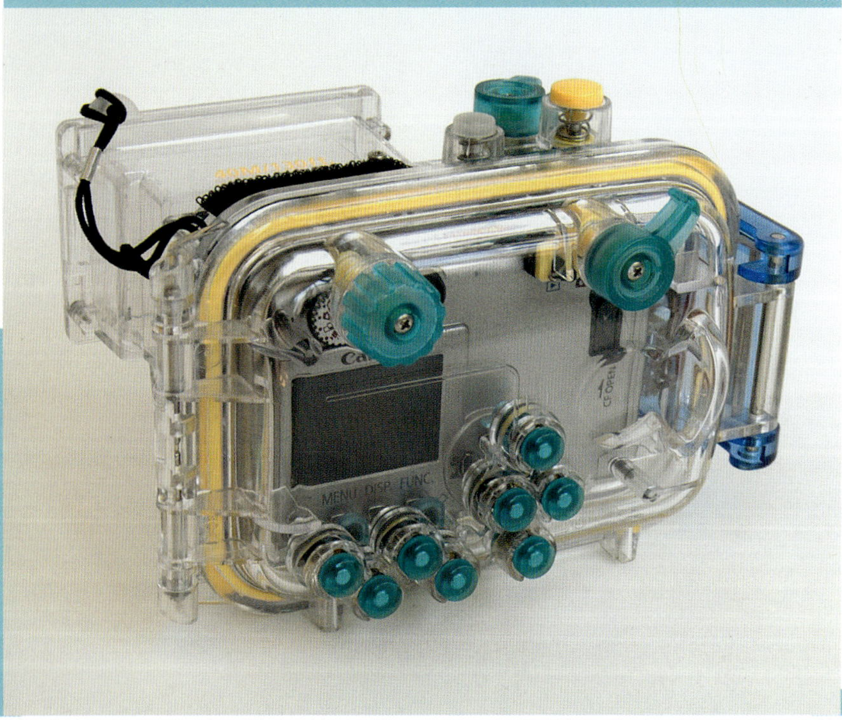

Wer sich für die Fauna des Meeres interessiert, wird zweifellos große Befriedigung aus der Unterwasserfotografie gewinnen, denn sie gibt uns die Möglichkeit, von den Tauchgängen eine greifbare Erinnerung mitzubringen. Auch für die Identifizierung der Lebewesen ist die Fotografie ein wunderbares Werkzeug, denn sie erleichtert erheblich die Klassifizierung der abgebildeten Organismen.

Seit kurzem hat sich Dank der Digitalkameras für die Unterwasserfotografie ein neues, begeisterndes Feld eröffnet. Diese Technologie gewährleistet inzwischen nicht nur eine zufriedenstellende Qualität, sondern es gibt auch eine große Anzahl von kleinen wasserdichten Gehäusen aus tranparentem Polykarbonat, die für eine ganz bestimmte Typologie von Fotoapparaten entwickelt wurden. Diese Schutzhüllen kosten wenig, sind aber sehr gut verarbeitet und bieten viele verschiedene Funktionen, so dass man unter Wasser fast alles machen kann, was auch auf dem Lande möglich ist. In kürzester Zeit fügt man die Fotoapparate in diese Schutzgehäuse ein, man braucht keine besonderen Zusatzgeräte und bis zu 40 oder 45 m Tiefe sind sie absolut wasserdicht, was für unsere Zwecke vollkommen ausreichend ist.

Diese neue Ausrüstung gibt jedermann die Möglichkeit, mit großer Leichtigkeit zu fotografieren, denn viele Hemmnisse, die man bisher bei den preisgünstigen, kleinen Apparaten mit Filmmaterial in Kauf nehmen mußte, sind überwunden.

Zu den wichtigsten Verbesserungen zählt die Möglichkeit, aus nächster Nähe zu fotografieren, ohne das alte und leidige Problem der Vorsatzlinsen oder Verlängerungs-

röhren, die oftmals beim Ausschnitt wählen und beim Scharfstellen zur Fehlerquelle wurden. Bei den digitalen Kameras lösen sich diese Probleme fast von selbst, denn bereits bei geringen Abständen stellt sich Dank des Zooms und der Makrooptik die Schärfe automatisch ein und die Kontrolle des Ausschnitts erfolgt mit Leichtigkeit auf dem Display des Fotoapparates.
Ein weiterer großer Vorteil der Digitalkamera liegt in der Möglichkeit, sofort nach der Aufnahme das Bild kontrollieren zu können. Man hat dadurch die Chance, eventuell eine nicht gelungene Aufnahme in korrigierter Form zu wiederholen.
Also ist alles einfach mit der Digitalkamera? Sicherlich nicht, denn auch hier gibt es Probleme. Wenn man an der Oberfläche bleibt, ist zum Beispiel oftmals das Display wegen des starken Sonnenlichtes schwer zu erkennen und die Belichtung verlangt Korrekturen, die nur für denjenigen relativ leicht auszuführen sind, der den Apparat ganz genau kennt. Und es bleibt, wie bei der normalen Unterwasserkamera, das Problem der Ausleuchtung.
Schon sehr bald absorbiert das Wasser die warmen Farbtöne des Spektrums, nach wenigen Metern Tiefe verschwinden Orange, Rot und Gelb und es bleibt eine grün-blaue, fast monochrome Färbung. Um die Farben aufzufrischen, bedarf es einer Lichtquelle wie dem Elektronenblitz. Die kleinen Digitalkameras sind alle mit einem ebenso kleinen Blitz ausgerüstet, der unter Wasser jedoch nur Sujets beleuchtet, die sich in einer Entfernung von wenigen Dutzend Zentimetern befinden, auch erfüllen sie ihre Funktion nur in klarem Wasser. Die frontale Anbringung des Blitzlichtes und seine geringe Entfernung vom Objektiv führen dazu, dass alle Partikel, die im Wasser schwimmen, von vorne angestrahlt werden und auf der Aufnahme als große "Scheeflocken" erscheinen, die das Bild verderben. Doch macht es wenig Sinn, diese kleinen Gehäuse mit sperrigen Außenblitzlichtern zu bestücken, denn ihr Vorteil liegt gerade darin, dass sie leicht, handlich und einfach im Gebrauch sind.
Hochqualifizierte Unterwasserfotografie mit guten Ergebnissen wird heute ausschließlich mit normalen Reflexkameras in wasserdichten Gehäusen durchgeführt. Ob man dann die neuesten digitalen Reflexkameras oder solche mit Filmmaterial verwendet, ändert nur wenig, auch wenn Filme immer noch die besten Ergebnisse gewährleisten.
Die Gehäuse, die die Reflexkameras vor Wasser schützen, können aus verschiedenartigem Material sein, aus Polykarbonat oder Leichtmetall, müssen jedoch stets einen austauschbaren Verschluss haben, je nachdem welches Objektiv zur Anwendung kommt. Außerdem braucht man ein oder zwei Unterwasserblitzlichte mit verstellbarer Halterung und ein Beleuchtungssystem, das die Motive auch in größerer Tiefe und in Höhlen genügend anstrahlt, damit sich die Schärfe automatisch einstellen kann.
Was die Ausgaben anbelangt, so wird eine gute Reflexkamera auch zehn Mal mehr kosten, als eine kleine digitale Unterwasserkamera und der Unterschied in Bezug auf Gewicht, Ausmaße und Handlichkeit ist ebenso eindeutig.
Noch ein paar Ratschläge für den Neuling. Als Faustregel gilt, dass sich stets so wenig Wasser wie möglich zwischen dem Objektiv und dem Motiv befinden sollte. Daher bevorzuge man Weitwinkelobjektive, abgesehen von Nahaufnahmen, für die man eine spezielle Makrooptik braucht. Bei Nahaufnahmen kann man auch mit der Automatik arbeiten, indem man das Blitzlicht auf TTL stellt, damit die von der Wassertiefe absorbierten Farben aufgehellt und die Motive ausreichend beleuchtet werden. Wenn die Belichtung nicht zufriedenstellend ist, muss man die automatischen Belichtungszeiten des Apparates korrigieren.
Wenn man vor dem Hintergrundblau des offenen Meeres fotografiert, zum Beispiel bei der Aufnahme von im freien Wasser schwimmenden Fischen, sollte man das Blitzlicht ausschalten und versuchen, mit natürlichem Licht auszukommen oder man verwende den Blitz nur mit Handbedienung. Das Fehlen eines das Licht reflektierenden Hintergrundes wird vom Belichtungsmesser falsch ausgewertet, es können überbelichtete Fotografien entstehen.
Man sollte von jedem Motiv stets mehrere Aufnahmen schießen, mit verschiedenen Belichtungszeiten. Die Wahl der besten Aufnahme erfolgt dann, im Fall einer Digitalkamera, gleich nach dem Tauchgang, oder, bei Filmmaterial, nach der Entwicklung.
Für die Filme bevorzuge man eine niedrige Empfindlichkeit, zwischen 50 und 100 ISO. Bei empfindlicheren Filmen verschlechtert sich die Bildqualität. Das gilt auch für die Digitalkameras, man stelle sie auf eine niedrige Empfindlichkeit ein, niemals mehr als 200 ISO.

REGISTER DER DEUTSCHEN NAMEN

Die Nummern beziehen sich auf die Abbiddulgen

REGISTER DER LATEINISCHEN NAMEN

Die Nummern beziehen sich auf die Abbiddulgen